经营自我

掌握规律成就自我

李明举◎著

中国财富出版社

图书在版编目（CIP）数据

经营自我／李明举著．—北京：中国财富出版社，2016.4

ISBN 978－7－5047－6072－2

Ⅰ.①经…　Ⅱ.①李…　Ⅲ.①成功心理　Ⅳ.①B848.4

中国版本图书馆 CIP 数据核字（2016）第 049433 号

策划编辑　黄　华　　**责任编辑**　姜莉君
责任印制　方朋远　　**责任校对**　饶莉莉　　**责任发行**　邢有涛

出版发行　中国财富出版社
社　　址　北京市丰台区南四环西路 188 号 5 区 20 楼　　**邮政编码**　100070
电　　话　010－52227568（发行部）　010－52227588 转 307（总编室）
　　　　　　010－68589540（读者服务部）　010－52227588 转 305（质检部）
网　　址　http://www.cfpress.com.cn
经　　销　新华书店
印　　刷　北京京都六环印刷厂
书　　号　ISBN 978－7－5047－6072－2/B·0487
开　　本　710mm×1000mm　1/16　　**版　　次**　2016 年 4 月第 1 版
印　　张　15.75　　**印　　次**　2016 年 4 月第 1 次印刷
字　　数　234 千字　　**定　　价**　38.00 元

前　言

人类的每一个进步，最初都源于人类自身的梦想。同样，许多成功人士的经历也表明，他们在成功之前都有他们为之奋斗的梦想。梦想激励人们去努力、去奋斗，推动人们不畏艰难、坚韧不拔地追求成功。梦想是我们成功的原始动力。

人人都希望自己梦想成真，但在梦想与现实之间，切实感受到现实中的幸福才是通往梦想的桥梁。自己的梦想是什么呢？成功的事业、幸福的生活、可贵的亲情、珍贵的友情、健康的身体……

梦想尽管很重要，不过，除了梦想之外，懂得经营自己更为重要。

大文豪萧伯纳就自己的生活经历感叹道："生活对我来说，并非一支蜡烛，而是象征光芒万丈的火炬。""忙世人之所闲，闲世人之所忙"也许才是成功人生的最好诠释。然而，也如薄伽丘所言："人生没有来世，幸福就在当前。"人的一生很短暂，因此，用心去经营就显得尤为重要。

成功的人生的确需要我们用心去经营，因为一个懵懂无知的人，永远不会找到属于自己的方向。事实上，大多数成功都不是源于某次偶然，而是懂得经营自我。在我们所有人身上都有可能发生奇迹，只要我们坚持不懈地去发现、去改变、去经营、去创造，就一定能有所成就。

如果你能发现并相信自己、摆正自己的心态，拥抱健康，守护好你的家庭，经营好你的财富……你将最终迎来成功幸福的人生。

本书立足于现实生活，经过对大量成功者的研究，发现他们身上竟然有惊人的相似之处，那就是他们对自己的方方面面都会认真对待，悉心经营。本书把这些成功的经验分享给大家，如果未来的某一天，你已经在这些方面经营得很好了，那么，幸福与成功将在不远的将来降临在你的身上。

做一个善于经营自己的智者吧！让你的美、你的好在他人面前淋漓尽致地展现出来，去赢得更多的敬佩。

作　者

2016 年 2 月

目录

第一章

经营自我——做自己的灵性导师

成功的人生，都是经营出来的。没有经营的意识，就不可能获得成功。经营需要用心，需要开动脑筋，谁身心投入了，谁才能真正经营得好、经营得卓有成效。

经营好“人生有限公司”

每一个人都是一个公司，每个人都是“人生有限责任公司”的董事长，你要学会自我经营。

时至今日，商品经济横扫整个世界，人们的经营意识越来越强，人人都会经营，任何事情也都会有人去经营。

无论学历高低，都渴望当经理；无论性别男女，都希望做老板；无论资本多少，都愿意去投资。总而言之，只要可以赚钱，就不怕一切困难。

收入多少，几乎成了人们选择经营的唯一标准，只要自己满足经营条件与具备一定的能力，人们往往愿意选择盈利额度更大的行业。

在经营中，我们期待的是资本的最大化，人的价值反而位居其次。假若是我们选择自己而忽略资本，便会成为人们眼中的傻子。

央视经济频道曾报道过这样一件事：在北京这样寸土寸金的大城市，有一位修钢笔的老人在王府井拥有一间属于自己的铺面，然而生意惨淡，每月最多有2000元的收入。

很多人劝他：“你将自己的铺面出租，每月租金就净赚5000多元，自己还省心省力，为何非要自己经营呢?”

老人回答说：“我不是傻子，这点儿明白账我能不知道吗？因为我如今干的事，不仅是经营生意，同时也是在经营我自己。每月我少赚3000元，但对我的生活质量毫无影响，但是，我若闲下来无所事事或干我不喜欢的事，我就受不了。”

顿了一下，老人又说：“我活了70多岁，知道我最需要啥。我是全北京唯一的一家修钢笔的铺面，喜欢钢笔的北京人大多都知道我，我能为那么多的人服务，这不比我一个月多挣几千元钱更有意义吗?”

反观我们自己，事实上，我们在经营自己的人生时同样没有把金钱效益放在首位。比如，护士的收入都不高，但她们大多数都没有辞职去房地产公司做相对收入高些的售楼小姐；小学教师的收入比不上“月嫂”，但也不见有多少小学教员辞职去做“月嫂”。他们在经营上与那个修钢笔的老人可谓有“异曲同工”之处。如果按照“经营”就要追求资本第一的原则，他们都是傻子。然而，他们还是坚守着自己的那点儿信念，在努力地经营着自己。

有一名某地税务局的女干部，为了喜爱的编辑事业，宁愿放弃那里优厚的待遇，毅然辞职到一家地方报社去当编辑，年收入减少一半，然而，很多人对她的这一行为表示理解，还称赞她是“精神贵族”，不做为金钱“献身”的奴隶，其实她只是和那个修钢笔的老人一样坚守自己的内心世界。修理钢笔也许比修改文章赚钱少，但是并不卑贱。原因是只要我们所做的事情是自己乐意干的，我们感到快乐、满足，那么，它一定比金钱更有价值。

实际上，在生活中，我们大多数人都不能做到全心全意地经营自己。例如明朝皇帝朱由校就是“不爱江山爱木工”的典范。他平生最乐意做的事，就是锯木、刨木与油漆，因此，他的木工手艺非常高超。在《旷园杂志》中，吴宝崖曾称赞朱由校皇帝建造的一座只有四尺来高的小宫殿极为“玲珑巧妙”。据说，朱由校的寝宫里经常堆满各种木料，打造家具时总是夜以继日地不知疲倦，但是，只要去会见百官臣僚以及处理军政大事时就感到无比厌倦。他所宠信的大太监魏忠贤就专门在他做木工最起劲儿时进去奏事，他总是极不耐烦地吩咐道：“你去办吧，我知道了!”结果大权旁落，朝廷被搞得乌烟瘴气。大明江山尽管最终是葬送在崇祯手上，事实上，亡国的根源却在朱由校这里。他假若改行当木匠，也许会是“鲁班第二”。可惜的是，当不当皇帝却不是他说了算。当一个人无法干自己喜欢干的事情时，有时葬送的不仅仅是自己，还可能是更重要的东西。

“举”世“明”言

我们要学会经营自己的生活，不要天天混日子，也不要天天熬日子，而要天天享受日子。心境简单了，就有心思经营生活了；生活简单了，就有时间享受人生了。活得简单不难，只需懂得为自己而活，为美好而生，为幸福而做。

人生如舞台，成败靠自己演绎

在人生的舞台上，每个人都是艺人。安好位、演好戏，人生才会精彩。

在人生的漫漫长河中，我们都在属于自己的位置上演绎着自己的一生。在人生这座大舞台上，我们的得失成败完全掌握在自己手中，只要你愿意积极表现，积极地应对生活的起落。实际上，人生犹如一面镜子，得失成败都是我们自身行为的直观反映。假如你笑对人生，人生就会给你灿烂的阳光；假如你对人生丧失了信心，那么人生也会对你弃如敝屣。

课堂上，你鼓足勇气，克服胆怯心理，说出了酝酿好的精彩话语，获得老师满意的笑容抑或是肯定的眼神；在某本自己喜欢的杂志里面，刊登了自己半年或一年以前书写的文字，你极力掩饰内心的雀跃，将杂志抱在胸前，此时，你拥抱的不仅是一份梦想，还有一个明媚的春天。

由此可知，人生就如同一间五味杂陈的厨房，你尝到什么样的滋味完全取决于你对各种食料的搭配。酸甜苦辣，人生百味也不过如此。每个人都有属于自己的味道，因为人正是由不同的性格与好恶来加以区别的。正是因为人人都有一种区别于其他人的对于生活、对于人生的格调，才会拥有各具色彩的充实的人生。

其实，人生也是一场未经编排的戏剧，你的演技是决定你的人生这场戏剧精彩与否的关键。在这场戏剧里，只看得到开场，却看不到结局，它的走向与发展结果只能依靠自己去演绎，换句话说，我们把自己定位于什么样的角色，就会获得什么样的人生。因此，在人生道路中，我们就是自己的主宰，生活的精彩与平淡都由我们自己决定。

人在大多数时候都是极为自私的动物，过于计较自己的得失，总是有过多的欲望，以至于在自己导演的这场戏剧里竟也造就了自己的悲剧。黑格尔在《美学》一书中就将人与外部世界的关系划分为两种类型：欲望关系、研究关系。欲望关系是指人对外界事物具有占有的欲望，它以占有对象作为前提和代价；研究关系是指人对外界事物具有洞察的欲望，只为揭开对象的真相或者规律。我们最终会滑向哪一边，其实就在于我们自己到底选择如何与外部世界相处。这就是人生，这就是我们为自己编排的人生轨迹。我们的选择决定了自己的荣辱成败与得失存亡。有时候，人们常说人的一生就是选择与剔除的过程，结局是好是坏都是自己选择的结果。

总而言之，在人生这座大舞台上，我们不是看客而是舞者。我们的手中紧紧攥着自己的人生，或精彩，或单调，或上升，或下降，这所有的一切都是我们的活动在生活中的反映。

除此以外，在人生这座大舞台上，不仅有前台，还有后台。为了前台的精彩，为了台下的阵阵掌声，我们化好妆容，穿上戏服，准备好台词，端好架势，调匀呼吸，一步步踱出去，为此使出浑身解数。该唱的，唱得精彩绝伦；该说的，说得字正腔圆；该演的，演得酣畅淋漓。最终只为了博得满堂喝彩，兴尽意满。然而，到了后台，脱下戏服，褪下浓妆，露出倦容，也许我们只是孤独一人，无人为我们等待，无人可以和我们说上一句真心话，哪怕默默交换一个眼神也做不到。

这一热一冷的过程中，看尽人情冷暖，却忘了掌控这一切的其实就是我们自己。因为自己生活的方向早已变得畸形，那么生活自然也会给予我们相应的回报。所以说，我们的选择是成败得失的关键所在。此外，我们做不到事事完美，所以有得有失也是不可避免的事情，不过，在这得失之间就决定了我们人生的方向。

因此，在享受成功之时，我们也要面对现实中其他的失败，这是无法避免的事情。

只要我们真诚地去争取，是可以把握住幸福的，当然这个过程也许需要我们付出极大的代价，但这个代价和考验也是必须付出的。乐观的人，总是对现实感到满意；而上进心强的人，往往对现实不够满意。如果我们怀有乐观的心态，或许生活会慢慢丰富起来，我们眼中的世界也会变得更加多姿多彩，自然不会由于一时的不愉快而耿耿于怀，也不会因为偶尔的败笔而一蹶不振。人人都想每天看到灿烂的太阳，呼吸到新鲜的空气，但是，毕竟还有些日子太阳被埋在云堆里，空气也并不是那么清新，这样的日子我们也应该要积极面对。无论成功还是失败，都是我们自己做出的选择，我们必然也要付出的代价。

哪怕是沉浸在成功的喜悦中，我们也不可避免地要面对一些令人头疼的事情。不过，只要把握住自己，成功就会在前方等着我们。

“举”世“明”言

在通往成功彼岸的路上，每个人都是世界上独一无二的，没有人能够替代我们的思想和行为。条件和环境等外因只能影响我们取得成功的进程，不能改变我们的人生命运。在人生的道路上，能解救你的只有你自己，一切还得靠自己。

自己拯救自己：做自己的救世主

这个世界很现实，心灵也好，肉身也罢，拯救你的人，只有你自己。

现实生活中，大多数人，不是饱食终日，无所事事，就是怨愤消极，指天骂地，甚至有的人幻想倚仗心中的神，而这世界压根儿没有神，即使有神，也不会无缘无故地来拯救我们，因此，自己才是拯救自己的神。

我们总是在无意识地祈祷有一个神，想着将造物者当成阿拉丁神灯里的“灯奴”。只要我们存在危险，他就会为我们排除困难且完成使命，完全地满足我们的欲望与要求。但是，这是我们想要的生活吗？我们的人格和操守可以完全丢掉吗？让所谓的神仙每天为我们解决那些自以为理所当然的困难与不幸？让他们在我们需要时及时出现？甚至每天给我们以适当的教导？这样的生活还存在尊严吗？事实上，想要过什么样的日子，走什么样的路，最后的决定权在自己手中，只能倚仗自己拯救自己。

有一个人，把多年的积蓄以及全部家当都投资到一种小型制造业上。由于对瞬息万变的市场了解不当，再加上前几年原料价格不断上涨等因素，他的企业很快就垮了。再加上妻子又从原先的单位下岗，他一度陷入绝境。他对过去的那些损失无法释怀，毕竟那是他半辈子的心血与汗水。好几次，他都想要跳楼自杀，一死了之。

一个偶然的时机，他在一个书摊上看到了一本名为《怎样走出失败》的旧书，这本书给他带来了希望与重新振作的勇气，他决定寻找这本书的作者，希望可以在作者的引导下东山再起。

当他终于寻找到那本书的作者，向那位作者叙述了他的遭遇，那位作者却对他说："我已经以极大的兴趣听完了你的遭遇，我对你的遭遇表示非常同情，但事实上，我帮不到你，很抱歉。"

他的脸色瞬间变得苍白，低下头，嘴里喃喃自语："这下子全完蛋了，没有一点儿指望了。"

那本书的作者听了他的话后，说："尽管我无能为力，但我可以引荐你去见一个人，他可以帮到你。"

他立即跳起来，激动地抓住作者的手，说："看在老天爷的分儿上，请你立刻带我去见他。"

作者从容地站起身，将他领到家里穿衣镜面前，用手指着镜子，说道："这个人便是我要介绍给你的人。在这个世界上，只有这个人可以令你东山再起。除非你愿意坐下来，仔细认识这个人，否则你只有自杀了。如果你不能充分认识这个人，你对这个世界来说，将是毫无价值的废物。"

他站到镜子面前，看着镜子里的那个灰头土脸的面孔，认真地看着。看着看着，他突然痛哭起来……

几个月后，作者在大街上再次遇见了这个人，差点儿认不出来。他的脸不再是胡子拉碴的样子，脚步也变得轻快，头抬得很高，身穿高档的衣服，全然一副智者的姿态。他对作者说："那天我离开你家时，还是一个破产的人。我对着镜子重新找回了自信。现在我又找到了一份收入相当不错的工作，妻子也重新上岗，薪水也较为可观。我想用不了几年，我一定会东山再起。"

世界上从来不存在什么救世主，只有靠自己，靠自己的信心，靠自己的努力。你才是你的救世主。

"举"世"明"言

自己就是自己的救世主。求人不如求己，有的人只会向外求人，而不知道向内求己，何必舍近求远呢！“自己拯救自己”，命运的舵轮掌握在我们自己的手中，我们只有靠自己，不断地努力，不断地坚持，才能披荆斩棘，开拓一片属于自己的新天地。

有限的人生，要不设限地去活

在有限的人生里，我们要不设限地去活。

他生下来就没有四肢，却用自己独特的方式彰显生命的意义：他在很小的时候就饱受嘲笑，甚至想结束自己的生命，但是他选择了活着；他突破了身体的极限，创造了数不清的奇迹；在他的脸上永远都洋溢着阳光般的微笑，让人如沐春风；他的志向是做一名演说家，用自己的经历去激励每一个人；他自始至终怀着一颗感恩的心去回馈这个世界，用爱去温暖每个人的心灵；他的人生信条就是——永不放弃！他就是不断创造奇迹的尼克·胡哲。

尼克生于澳大利亚墨尔本的一个普通家庭，他出生时就没有四肢，只有一只长着两根脚趾的小脚，他的妹妹经常戏称其为“小鸡腿”，然而，令人惊讶的是，他庆幸自己可以拥有“小鸡腿”。

尼克的父母并没有因为他的残疾而放弃他，而是不断激励他、帮助他。

在上学的过程中，尼克也受到了别人的嘲笑：“你这也不能做，那也不能做，像你这样的人，有谁会愿意和你交朋友呢？”很多时候，尼克自己也觉得自己永远都不会被人喜爱和接纳，他多么希望能够和别人一样在足球场上踢球、骑脚踏车、玩滑板……但是这些都是无法实现的。他开始不停地问自己：“为什么而活着？活着就只是为了等待死亡吗？我的生命难道不该有一个目标吗？”对于这些问题，他都没有答案。在尼克10岁的那年，他曾3次试图把自己溺死在浴缸里，但是都没能成功。从那之后，尼克在父母的鼓励和悉心照顾下，放弃了轻生的想法，选择活下去。

不难想象，尼克在成长的过程中遇到了重重困难，做很多事情并不像其他人做起来那么容易，但他总是想尽办法去完成其他人必须要用手足才可以完成的事情，诸如刷牙、洗头、写字、用电脑、游泳、做运动等生活上的小事。经过长期的训练，他用那只只有两根脚趾的小脚不仅找到了平衡感，还创造了一个又一个奇迹。

尼克通过永不放弃的精神和执着的信念，在2003年大学毕业，获得会计与财务规划双学士学位；由于他的勇敢和坚忍，2005年他被授予“澳大利亚年度杰出青年”称号。从他的成功经历我们不难看出，人生很多时候就像尼克说的那样：“人生最可悲的并非失去四肢，而是没有生存希望及目标！人们经常埋怨什么也做不来，但如果我们只记挂着想拥有或欠缺的东西，而不去珍惜所拥有的，那根本改变不了问题！真正改变命运的，并不是我们的机遇，而是我们的态度。”尼克不仅是这样做的，而且完成得非常出色。

立志成为一名演说家也是尼克的一个奋斗目标，他想用自己的经历去影响更多的人。

但是，他的这一想法遭到了父亲的反对，他也尝试着给学校打电话，努力推销自己的演讲，但是都被拒绝了。当他被拒绝了52次之后，他获得了一次演讲的机会，尽管演讲时间只有5分钟和50美元的酬劳。但是，这意味着他的演讲生涯已经拉开了帷幕。

自从17岁开始第一次充满激情的演讲之后，如今，他已经在全球35个国家和地区发表过超过1500场的演讲，每年接到超过3万次来自世界各地的邀请。在他的每一次演讲中，他都会告诉别人自己是怎样克服困难完成一个又一个的人生目标，用积极、乐观的态度去迎接精彩的生活的。尼克幽默和极具感染力的演讲总是那么容易令人感动，他那传奇的人生经历和永不放弃的精神给人以极大的鼓舞。

尼克的生活从来都不缺乏阳光，他的脸上总是充满了自信和从容的微笑，他怀着一颗感恩的心去回馈这个世界，用爱去拥抱每个人的心灵。

尼克·胡哲之所以能成为举世瞩目的残疾人演讲家，是因为他在通往成功的道路上，从不因自身的残疾而给自己设限。

“举”世“明”言

打破限制，解放自我，从无所不在的枷锁中解脱出来。只有这样，你才能达到成功的人生境界。

经营长处，让人生增值

经营自己的长处，能使你人生增值；经营你的短处，能使你人生贬值。

在这个世界上，差异是我们每一个人存在的理由。一个人的优势是个人魅力之所在，我们应当珍惜、保护和发展自己的优势，并为它骄傲，用以弥补自己的劣势，使自己成为自信、自强、自立的人。

很多时候，人总在努力发掘自身的缺点和不足，以求找到与别人的差距，从而对症下药，奋起直追，达到赶超的目的。但往往事与愿违，其结果不仅使自己陷于深深的苦恼和自卑之中，甚至还误入疲于奔命的歧途。

造成这种结局的很大原因就是：人们老盯着自己的劣势不放，忽视了自己的优势；更不懂得如何扬长避短，发挥自己的优势。

迈克尔·约翰逊是美国一名杰出的田径运动员，他曾经多次获得冠军，名震世界。但是有些人可能会观察到，他的跑步姿势和其他运动员不太一样，总是像企鹅似的不停摇摆，看上去非常笨拙。也正因如此，在最初的时候，教练们并没有重视他，其他人也讥笑他是跑道上的“另类”，很难获得好成绩。而令人意想不到的是，约翰逊凭借这独特的姿势，不断地勇创佳绩，打破了由意大利选手门内阿保持了20多年之久的男子200米世界纪录，奠定了他在这个项目上的王者地位。

有一位商人将儿子送进了一所名校去读书，想要儿子接受更好的教育。然而，他的儿子并没有体会到父亲的良苦用心，经常逃课到附近的采石场玩。这样过了一段时间后，他开始喜欢上錾削的叮当声，痴迷于石雕。商人看到这种情况，并没有对他的儿子进行严厉呵斥和阻挠，反而决定将儿子转到在石雕技术方面较为突出的学校。这个决定改变了儿子的一生，也成就了一位卓越不凡的工匠。

我们每个人的一生，应该是经营自己长处、发挥自身优势的一生。只有客观、清晰地了解自己的特征、特点、特长，使其日臻完善，才能更好地书写自己的人生画卷。而懂得发现和利用自己长处的人，不仅可以增强自己的实力，也能凭借自己的这一优势在与他人竞争的过程中获得有利地位，从而鼓舞自己的士气，增强信心，投入到奋斗中。

我们知道，一个人的优势并不是很容易就能被挖掘出来的，就像深埋在地底的热能，只有在积累到一定程度的时候，才有可能爆发出来，发挥其应有的价值。当一个人的优势显现出来的时候，就像火山爆发一样，不可阻挡。然而，并不是所有的火山都总是那么活跃，特别是死火山，通常会被人忽视。同样，当一个人的优势显现出来的时候，可以创造出无法想象的奇迹，但大部分人通常是很难发掘自己的潜能的，因此也无法利用自己的这种优势创造出更大的价值。

身为一个凡人，我们能有什么优势呢？相信不少人在平凡的生活中都这么想过。其实，我们更需要仔细地关注自己，只有这样，才能发现自己、肯定自己。

有这样一位老师，她接手了一个特殊的班级，之所以说它特殊，是因为这个班级的学生全部都是后进生。学生们都觉得自己像是被父母抛弃的孩子，情绪非常低落。为了让学生们重拾自信，这位老师带着学生们进行了一个游戏：她在一个玻璃瓶里面装了48张纸，每张纸上都写有一个学生的名字。她每抽出一张，就让被抽中的同学自信地说出自己的优点。第一个被抽到的学生是A，他是班上一个极为普通的学生，学习成绩不突出，也并不属于顽皮的那一类。他思考了半天说，他的优点是孝敬父母。这位老师又再次鼓励他，让他仔细想想自己身上的其他优点。这个学生怎么也想不出来了，他开始沉默。这时，老师又问其他同学是否发现了他的优点。同学们都很积极地回答，说出了很多优点，比如他体育不错，在一次校运动会上，跳远还取得了很好的成绩；尽管他学习一般，但他很诚实，从没抄过作业；他还十分讲义气，在同学遇到困难的时候，总会用心地去帮助别人……此时，这个同学十分惊讶，他没有想到自己竟然会有这么多的优点。接着，老师又让他抽出一张纸，被抽到的同学是B，B想了一会儿，说自己的优点是乐观、胆子大，然后就摇摇头说没有了。老师又问其他学生，有的说他读的书多，知道得多；有的说他做事谨慎，有责任心；等等。接下来是第三个同学，在同学们的帮助下，也都没想到自己竟然还有那么多的优点。然后是第四个同学……就这样，班上的同学都看到了自己在同学眼里的优点，而这些优点竟然都被自己忽视了。游戏结束后，同学们的自信心大涨，都认为自己其实是很优秀的。

确实如此，发现自己的优点并不简单。因为自己的眼睛、思维，甚至是评判自己的标准，都被大量主观的、情感的因素所影响，因此人们对自己的评价就不会那么全面、客观和准确了。有时人们在评价自己的时候会有“只缘身在此山中”的感觉。发现自己还需要很大的勇气，给自己以信心，才能正确地评价自己，发现自己的长处，肯定自己的能力。

宋代诗人卢梅坡有诗云：“梅须逊雪三分白，雪却输梅一段香。”只要你善于发掘自己的能力、发挥自己的优势、经营自己的长处，你就会因为这点改变而受益匪浅：自信得到增加，实力得到增强，自己的发展就会顺畅许多，而成功也就成为水到渠成的事儿了。

“举”世“明”言

人生的诀窍在于经营自己的长处，找到发挥自己优势的最佳位置。世界上的工作千万种，对人的素质要求各不相同，干不了这个可以干那个，总可以找到自己的发展天地。只要善于经营自己的长处，并且奋力拼搏，就一定会取得成功，创造辉煌。

不要把希望总寄托于伯乐

人这一辈子就是被销售的，所以你要学会推销自己。

每个人都要具有推销自己的意识，千万不要只是等伯乐来发现自己。可以说世界上有很多本来优秀的人，由于不善于自我表现——即推销自己，而埋没于尘世中。

如今“酒香不怕巷子深”的时代已经过去了，过硬的“品质＋推销”的手段，才是酒香冲破七弯八拐的深巷，为世人知晓并认可的办法。二者缺一不可，没有品质，你就无法真正打动别人；而没有推销的手段，你就只能长居简巷，寂寞地等待。

我们可以学习众多的自我推销技巧，但唯有真才实学才是你脱颖而出的基本条件。一个人不学无术却想要靠花哨的浮夸术把自己推销出去也只能是妄想。

但是，有了真才实学，或者品质有了保证就一定能在竞争中取胜，或者赢得别人的赞赏吗？也未必。

在巴拿马万国博览会上，各国名酒会聚一堂。中国也参加了这次博览会，并且带去了为国人所称道的国宝——茅台酒。可惜的是，当时的中国在世界上并不受瞩目，所分得的展示区也因为被挤在展厅一角，参展者甚少问津。

眼看着我们的美酒不能被世界所知晓，中方的一个工作人员突然想出了一条妙计。他拿着一瓶茅台酒走到展厅中间，然后装作失手一不小心把茅台酒摔碎在地，顿时酒香四溢，那些喝惯了香槟与白兰地的外国人顿时被茅台酒的香味与醇味所吸引，纷纷围拢过来。中国茅台从此开始为世界所公认。

很多美好的东西不会主动跑到你面前来，就算天上掉馅饼，也要你主动去捡，还必须比别人抢先一步。一个人要想获得成功，就必须善于展示自己。一个有才干的人能不能得到重用，很大程度上取决于他能否在适当的场合展现自己的本领，让他人全面认识自己。一个人要想获得成功，就必须善于展示自己。如果你身怀绝技，但藏而不露，他人就无法了解，到头来你也只能是空怀壮志、怀才不遇了。

要让别人闻到你的酒香，你就必须学会推销自己。首先，你必须不断地完善自己。我们的时代运转得太快，你认为是自己优势的部分可能早已经落伍，所以你必须与时俱进。这就是我们的老观点所说的，品质是关键。其次，你需要抓住时机展示自己，当你发现了一个机会，千万不要藏在幕后，大方地站上舞台才能让你的光彩被大家所知晓。

“举”世“明”言

好酒不怕巷子深，这种观念现在已经不适用了。好酒也要走出深巷，走进市场，走向国际，不去推销就会被人渐渐遗忘。

征服了自己，也就征服了世界

与天斗，与人斗，其实都在和自己斗。

有位智者说：“当你知道自己要去哪里时，全世界都会给你让路的。”其实也就是说，在人生的征程中，想要征服世界就要先征服自己，只有征服了自己才能征服世界。因为，能打败你的只有你自己。

征服自己就意味着要善于有效地控制自己的内心，彰显出最好的自己，使自己以最佳的状态来待人接物。唯有如此，才能在无形中形成自身的魅力气场，有效地征服他人，使他人成为自己的帮手。

一位社会心理学家做过这么一个有趣的实验：

心理学家让十几位素未谋面的陌生人围坐到一张圆桌边，给他们提了几个非常普通的问题，并让他们不限时地讨论。时隔不久，在他们中间自然而然地产生了一个“头”，其余的人总是有意无意地认同他的权威并且接受他的建议，这个人用个人修养与学识影响着他人并让别人在不知不觉中服从他。这种力量是一种只可意会不可言传的力量，然而却又极其清晰、真实地存在着。这并不仅仅归因于对方的权力地位，更来源于一种强有力的个人魅力。

优秀人士，如某些企业家、艺术家、学者、政府官员，他们尽管有着不同的品格与特质，但他们身上存在一种共同的东西，那就是一种可以使周遭的气氛环境被他的言行举止控制住或吸引住的感染力、影响力与威慑力。而这种控制或吸引，并不归咎于某种夸张、激烈的表演性的情绪，而是源于一种明确的自控能力。其他人，也许比他们更博学、更富有甚至更地位显赫，但就是缺乏那种力量。前者即使身穿简朴的衣着、没有过多的言语，但你立即能在一大群人中强烈地感觉到他的存在；而后者，哪怕衣着醒目、派头十足，那种深刻的无力感，还是会让他们显得黯淡无光。

克莱门特·斯通在他的著作《获取成功的精神因素》一书中对这种神奇的心灵力量进行了一段精彩的描述："一个拥有心灵力量的人，他也许是一位宗教领袖，也许是一个柔道黑带高手，也许是一个白手起家创立起大公司的总裁。他们为了达到现在这个目标，必定早在许多年前就开始了一个漫长的过程：他们必须全神贯注，放弃许多日常欲望，做出许多牺牲，体验许多挫折的滋味。在经历一段长期磨炼之后，他们的心灵已经变得非常的强劲、坚忍、健全、平衡，这种力量的获得，没有天赋，只有依靠时间的修炼。"

另外，征服自己还要拥有强大的自信力。如果你怀疑自己的能力，就不可能取得成功，甚至还会招致失败。一则谚语说，绵羊每咩咩叫一次，它就会失掉一口干草。如果你每抱怨一次你的苦恼，每说一次"我是一个不成功的人，我不行"，那么你就在无形中为自己的成功设置了一道障碍，使自己无法向成功迈进一步。

在追寻目标的过程中，我们所持有的对成功的信念和希望与我们最终的成就有着千丝万缕的联系。如果你无法客观、理智地认识自己、端正心态、树立信心，就不可能有足够的力量去问鼎成功，铸就自己的辉煌。因此，掌控住自己就要对自己有一个清晰的认识，坚定自己的信念，保持自信与创造力。只有这样，才能使我们的心灵成为一个能吸引我们所渴望的事物的磁场，成就自己的未来。因此，只要你拥有这种信念，就没有人可以打败你，它具有一种无法摧毁的力量。一个人一旦拥有了这种力量，别人就再也无法从他身上夺走这种力量。因为这种力量并不是外在的权力、地位、财富，而是内在的自信、自制、自尊。

事实上，这种心灵的力量本质上就是一种自我控制能力，即自律能力。一个人，只有能够真正地控制自己，才能真正地控制外界。绝大部分的人都会有共同的人性弱点：怯弱、犹豫、敏感、冲动、懈怠、易变……面对复杂的身外世界，他们往往难以把握自己，从而迷失自己，使自己慢慢地沉沦、堕落。可见，失败的人在很大程度上并不是缺乏必要的知识与技能，而是缺乏选择的自信与坚守的魄力。所以，掌控住自己是你成功的关键。不管在成功的征程中遇到多少艰难险阻，都要把握住自己的内心，征服了自己才能征服世界。

"举"世"明"言

真正的赢家，只有一个，唯一的一个！那就是自己！珍惜现在，抓住生命中每一个精彩的瞬间，你就征服了自己！你，就是赢家！

"李"氏讲堂

人生"三问"法则

所谓"三问"法则就是"我是谁""我要到哪里去""我怎样到达那里"，只有了解这些，才能为经营自己做好准备。

1. 我是谁

经营自我的第一步就是认识自我。首先，我们必须弄明白自己的性格、兴趣与特长这3个关键问题。

（1）评定自己的性格倾向。所谓性格，就是指个人对现实稳定的态度与约束形成的行为方式。怎样相对准确地认识自己的性格？到目前为止，最科学的手段当数心理学界的各项个性测验量表。现在比较流行的主要有卡特尔16种人格因素测验量表、明尼苏达多项人格测验量表、罗夏克墨迹测验、霍兰德职业倾向测试、九型人格测试、荣格心理测试等。这些量表能够从不同角度对一个人的个性做出更为全面的评定。

（2）清楚自己的兴趣。有人能轻而易举成功，有人不管付出再大的努力也是一事无成。究其原因，你就会发现，成功者往往都会更加专注于自己的事业，而这，恰好是兴趣的魔力所在。只有拥有充足的兴趣，才能获得前进的动力和方向。

（3）发现自己的特长。俗话说："没有金刚钻，揽不了瓷器活儿。"如今也流行"千招会不如一招绝"这样的话语。"金刚钻""一招绝"等，事实上就是我们竞争的资本，是我们的核心竞争力。发现与形成自己最具竞争力的特长，必须要弄明白"我想做什么""我能做什么"这两个问题。

2. 我要到哪里去

人的一生必须拥有一个明确的目标和方向。我们一生的命运与成就来自人生的目标与方向，它是驱使我们不断向前迈进的原动力。如果一个人心中缺少一个明确的目标，就会浪费生命，犹如一辆没有方向盘的超级跑车，哪怕拥有再好的引擎，最终不过是废铁一堆，发挥不了丝毫作用。

3. 我怎样到达那里

确定目标仅仅是职业成功的第一步，假如缺乏脚踏实地的行动，目标再高也不过是纸上谈兵。因此，我们必须把远大的目标转化为实际的行动计划，将宏伟的蓝图换算成具体的执行措施。无数成功者的经历告诉我们，大目标拆开实现，分别实施，各个击破，才能获得明显的职业成效。

第二章

经营心性——怀揣信念“打”天下

信念的力量就是种子的力量。种子只要在环境许可的情况下，总会生根发芽，最终会破土而出的。自信的人敢于直面自己的人生，坦然面对挑战，这样的人会以不屈不挠的斗志、忍辱负重的方式，认真地学习与总结经验，脚踏实地地突破重重障碍，去改变自己的命运。

信念是托起人生的坚强支柱

身份和信念是改变人的两大法宝。易变的是身份，不变的是信念。

如果把潜能比作一座大山，信念就是大山脚下稳固的基石。只有山脚的基石稳固，石块才能一点点堆积成山。你希望这座山有多巍峨，就需要让你的信念有多坚定。

一位父亲和他的儿子一起出征打仗。父亲已做了将军，儿子还只是马前卒。在一次激烈的战斗之中，父亲庄严地拿起一个箭囊，其中插着一支箭。他非常慎重地对儿子说：“这是家传宝箭，你把它带在身边，将会获得无穷的力量，不论遇到什么情况，你也不要抽出来。”

那是一个雕刻精美的箭囊，用厚牛皮打造而成，镶着金黄色的铜边，再看那露出的箭尾，一眼就能看出是用上等的孔雀羽毛制作而成的。儿子甚是高兴，豪迈地想象着箭杆、箭头的模样，耳旁仿佛传来嗖嗖掠过的箭声，敌方的主帅应声落马而毙。

儿子带着宝箭在战场上英勇无敌，所向披靡。当收兵的号角已经吹响时，儿子再也禁不住内心的喜悦，完全违背了父亲的叮嘱，强烈的欲望促使着他高喊一声，随后拔出宝箭，试图看个究竟。刹那间他惊呆了——一支断箭，箭囊里装着一支折断的箭。

“难道我一直带着断箭打仗吗?”儿子顿时吓出了一身的冷汗，必胜的信念一崩而溃了。

儿子最终惨死在乱军之中。之后，父亲捡起那柄断箭，心情沉重地说道："不相信自己的意志，永远也做不成将军。"

这个故事说明了信念的重要性。

到底什么是信念呢？安东尼·罗宾曾对信念下过定义："信念乃是对于某件事有把握的一种感觉。比如说当你相信自己很聪明，这时说起话来的口气便十分有力量：'我认为我很聪明。'当你对自己的聪明很有把握时，就能充分发挥潜力，做出好的成绩来。对于任何事每个人都有自己的主见，即或不然也能从别人那里问得答案；然而自己若是个优柔寡断的人，亦即没有坚定信念或对自己实在是没有把握，那么就很难充分发挥所拥有的各种能力。"

人如果有了信念，就有了奔赴成功的动力，美国《信念的魔力》一书中提到："信念是始动力，能够产生把你引向成功的无穷力量：它往往能驱使一个人创造出难以想象的奇迹。"

信念，是托起人生大厦的坚强支柱。在人生的旅途中，不可能总是一帆风顺、事遂人愿。对一个有志者来说，信念是立身的法宝和希望的长河。信念的力量在于即使身处逆境，亦能帮助你扬起前进的风帆；信念的伟大在于即使遭遇不幸，亦能召唤你鼓起生活的勇气。信念，是蕴藏在心中的一团永不熄灭的火焰。所以有人说："信念是人生成功的第一要素。"

如果你希望主宰自己的人生，那么就必须好好掌握和坚定自己的信念。

是的，如果我们不坚定自己的信念，或者我们仅仅是有时才服从这种力量的引导，我们不会取得任何成果，甚至还会迷失人生的方向。

你可知道坚定的信念跟强烈的信念有什么不同吗？关键在于是否有行动的意愿。事实上一个有强烈信念的人对于所相信的必然能够坚持到底，为了实现这个信念，他们不怕被人拒绝，不怕被人讥笑，不怕失败和挫折，昂然前行。

值得注意的是，抱持强烈信念的人有时是可悲的，这样的人太相信自己的信念，以至于一味地死抱着不放，结果很可能是一败涂地。由此可见，有时坚定的信念或许比强烈的信念要妥当得多。

不过强烈的信念确实可以激励人心，促使人们拿出实际行动。耶鲁大学心理学及政治学教授罗伯·阿拜生曾说过："强烈的信念乃是更有价值的动力，让一个人持久不懈地努力，以完成跟大众或个人有关的目标、计划、心愿或理想。"安东尼·罗宾指出，一个人要想成功，最有效的办法便是把信念提升到强烈的地步。因为只有坚定自己的信念，才能促使我们拿出行动，扫除一切困难和障碍。

"举"世"明"言

人生之于信念，如同航船之于舵手。如果航船没有舵手，就会在大海中迷失方向，就会被惊涛骇浪所吞没。如果人生没有信念，就会在前进中迷失自我，生活就将变得黯淡无光，生命也就变得没有意义。活着，也只不过剩下一个躯壳；活着，也只不过是行尸走肉。

"咬定青山"才有"绿水青山"

磨难有多大，成就就有多大，要学会爱上磨难。

火石不经摩擦，火花不会发出；同样，人们不遇困难的打磨，他们的生命火焰也不会燃烧。因为困难可以使人的身心更坚毅、更强固。有一位哲学家曾经说过："许多人之所以伟大，来自他们所经历的大困难。"精良的斧头，其锋利的斧刃是从炉火的锻炼与磨削中得来的。人生也是如此。

在一所偏远地区的小学校里，由于条件落后，每到冬季就要用老式的烧煤锅炉来取暖。有个小男孩每天提早来到学校，将锅炉打开，好让老师和同学们一进教室就能享受到暖气。

但有一天，当老师和同学们到达学校时，发现有火苗从教室冒出。经过大家的努力，他们救出了还没来得及跑出来的小男孩，当小男孩被救出时，他的下半身已被严重灼伤，整个人完全失去意识，只剩下一口气。

送到医院急救后，小男孩恢复了知觉。躺在病床上的他迷迷糊糊地听到医生对妈妈说："这孩子的下半身被火烧得太厉害了，能活下去的希望实在很渺茫。"

然而，这勇敢的小男孩不愿意就这样被死神带走，他还想要活下去。果然，让医生震惊的是，他熬过了最难过的一关。但是，等到危险期过后，他又听到医生在跟妈妈小声说道："其实保住性命对这孩子来说不一定是好事。他的下半身遭到的伤害太严重了，就算勉强活下去，下半辈子也肯定是个残废。"

这时小男孩又在内心暗暗发誓，他不甘心做个残废的人，他一定要站起来走路。但是，不幸的是他的下半身没有一点行动能力，两条细弱的腿垂在那里，没有丝毫知觉。

出院后，他的妈妈每天为他按摩双脚，从未间断，但依然没有任何好转的迹象。即使如此，他想要走路的决心也不曾动摇。

大多数时候，他都是用轮椅代步。有一天天气格外晴朗，妈妈推着他来到院子里呼吸新鲜空气。他望着阳光照耀下的草地，内心突然有了一个想法。他奋力把身体移开轮椅，之后拖着无力的双脚在草地上匍匐前进。

一步步，他最终爬到篱笆墙边；紧接着他费尽全身力气，扶着篱笆站了起来。抱着强大的决心，他每天都扶着篱笆练习走路，走到篱笆墙边出现了一条小路。他内心只坚定一个目标：一定要站起来。

凭着坚定的信念，以及每日持续的按摩，他终于能用自己的双脚站起来了，然后能走路，甚至能跑步。

后来，他上了大学，在校时他和同学们一起跑步，还被选入田径队。

这个男孩就是著名的葛林·康宁汉博士。一个被火烧伤下半身的孩子，原本一辈子都无法走路、跑步，但他凭着坚定的信念，跑出了全世界最好的成绩。

葛林·康宁汉博士告诉我们：成功要靠坚定的信念，只有“咬定青山”你才能迎来人生的“绿水青山”！

“举”世“明”言

“咬定青山不放松”，“任尔东西南北风”，执着地追求自己认定的人生信念。即使奋斗终生，朝闻夕死，也能无怨无悔。

有“信”有“力”强大自己

就算全世界都否定我，还有我自己相信我。

“信”是自信，“力”是坚定的信念，有“信”有“力”，你才能抗击人生的风雨。

早在春秋时期，伟大的思想家孔子就有过精辟的论断：“吾心信其可成，则无坚不摧。吾心信其不可成，则反掌折枝之易亦不能。”意思是说，一件事情，如果坚信能做到，那么就没有什么不可能的。如果没有信心，那么就算再简单的事也无法完成。后世对自信的论述，虽然说法各不相同，但大致没有超出这个说法的内涵。

这个道理，如果放到激发潜能的心理论述中，大致就是说：你现在是什么人其实并不重要，重要的是你认为自己是什么人。因为人能做到的，通常比自己认为的要好得多。正如爱迪生所说："如果我们能做出所有我们能做的事情，我们毫无疑问会使自己大吃一惊。"

人如果能对自己抱有肯定的想法，并且产生有效的行动，那么，如果你坚信自己是什么人，你很可能就将成为那样的人。这，就是潜能的魅力。

在美国有个脍炙人口的故事，是关于一家大公司的董事长亨利的发迹史。

亨利从小在福利院里长大，他身世不明，身材矮小，长相普通，而且讲话时有浓厚的法国乡下口音。由于自卑，他一直到 30 岁都碌碌无为，直到有一天，一个偶然事件改变了他的人生。

这天上午，他的同事詹姆士看到报纸上有一则关于拿破仑后裔的文章。文中指出，拿破仑曾经丢失了一个孙子。詹姆士发现，那个丢失的孙子的相貌特征，居然跟亨利非常相似。

詹姆士善意地告诉了亨利这件事。亨利开始只是非常吃惊，然后，他开始反思。

当联想到拿破仑的英雄事迹，想到自己是一位法国皇族的后裔，亨利热血沸腾。他不再为自己矮小的身材感到自卑，先祖的光荣经历也让亨利相信自己绝不会是个碌碌无为的人。

于是，亨利开始像要求一个皇族后裔一样地要求自己。他大量学习各方面的知识和礼仪，在工作上更是精益求精。很快，人们发现亨利就像变了一个人，甚至在讲话时，他的法国口音中也不自觉地带出了几分高贵和威严。人们渐渐相信，他真是拿破仑的孙子。

亨利的自信为他带来了更多的朋友，当然也带来了良好的机会。多年后，亨利凭借自己的努力，有了属于自己的企业，也成了上流社会的一分子。他终于实现了自己的梦想。此时，亨利已经查证出自己并非拿破仑的孙子，但这已经不重要了，他的成就已经不亚于任何一位真正的皇室后裔。

亨利能从一个小职员成长为一名出色的企业家，正是因为他相信了自己高贵的身世，并且激发了内心强大的潜力。后来，在心理学上，就把这种由于自信而引发的积极心理的现象称为“亨利效应”。

生活中这样的例子并不少见。在心理学上有这样一条规律：形态能够表现思想。只要你有意识地循着某一方向前进，你的潜能激发出信念，而这种信念就是你获得成功的前奏。有了它，你将相信自己已经为成功做好了所有准备；有了它，你将放射出集中意念的力量。同时，自信也能使你排除无关的杂念，集中思想，有的放矢，事半功倍。

自信，最简单的解释就是自我接纳，比如亨利，在得知身世之前和之后，这个人的天赋其实并没有改变，但是他对自己的定位发生了改变，所以，他的人生之路也随之改变。

反之，一个人如果总是觉得自己不如别人，那么在处事和待人接物时，难免就会唯唯诺诺，显得笨拙和胆怯。这样不仅得不到身边人的尊重，长此以往，也会影响自己的行为能力。要知道，低估自己的能力，才是成功的大敌。

所以，人对自我的态度，既可能成为摧毁自己的武器，也能作为打开新世界的利器。只有自己相信自己，保持乐观向上的心态，对前途充满信心，才能发现我们每个人身上还未开发的潜力。

“举”世“明”言

世上没有那么多皇族，但是每个人身上都有不亚于皇族的潜力。所以，坚信自己的能力，用一种“舍我其谁”的气概去面对世界，你很快就会发现，原来，成为“王者”并不是那么遥远。

信念不倒，“死角”就是“转角”

苦难是最好的大学，挺过去了你就是英雄，挺不过去你就是狗熊。

每个人的人生中都有无数个转角，转角代表着改变，有时是转向光明、机遇，转向人生更高点，有时则是转向下坡路，暂时落入低潮。对于我们来说，转角是比较容易应对的。但如果我们面临“死角”，又有多少人能有勇气面对呢？

所谓“死角”，就是我们的生活遭遇了重大挫折，导致我们原有的一切都被毁掉，自己的前途一片黑暗，甚至已经像走到一条死胡同里，再也没有可走的路了。死角并不是每个人都会遇到，但一旦我们遇上，则对我们的人生是一个致命的打击。此时我们该如何应对呢？或者说还应该保持一份希望吗？

其实，我们所遭受的挫折带来的是不是“死角”，每个人的衡量标准是不同的。有顽强生命力的人，其一生可能也难遇到一次“死角”。即使他受到较大的挫折，他也能用自己强大的力量消化掉，然后忘掉它，继续向前。这样的转角，对他来说便不是“死角”，而只是他通往成功道路的一个台阶、一个经验教训。相反，那些懦弱的、承受能力极差的人，随便一个大事件的发生，都有可能被他们视为“死角”。这样的人动辄陷入悲痛，觉得生活完全没有希望。

所以，遇到强大挫折时，你怎样面对就代表着你是不是一个有顽强意志力的人，同时也几乎决定着你的人生路会走向光明还是灰暗。

彼得在很小的时候不慎被高压电流击伤，当时的他只有3岁，而他面临的是双臂坏死而截肢。这一打击对一个孩子来说是非常残酷的。但是更加残酷的却是，他的父母放弃了这个看上去没有希望的孩子。他们把他送进一家残疾人孤儿院，在18年中，他们很少去那里看他。这个被生活遗弃的孤儿艰难地开始了自己的人生。在孤儿院里，他的生活是在自己的摸索中完成的。但即使在那种艰苦的条件下，他依然在孤儿院上完了中学。

中学毕业后，他回到自己的故乡，然后开始边工作边学习，他在师范学院学习俄语。不过他并不想当老师，他只是想完善自己，他和其他健全的大学生一样要做作业，通过各门测验和考试，最后拿到毕业证。

不仅如此，他还结了婚，有了一个漂亮的妻子和一个健康可爱的儿子。他的妻子南希说：“彼得很聪明，要是有什么事情做不了，他就会琢磨该怎么做。他是一个优秀的绘图员，他会修各种电器，懂得所有的线路。例如电子表坏了，他就把它拆开修理，用小镊子灵巧地把零件一一装好。他的表总是挂在脖子上，他是用膝盖托起表来看时间的。他总是一刻不停地干这干那，他还改过裙子呢，又是量，又是画线，又是剪，最后用缝纫机做好。他在家乡也挺出名的，一天到晚总是吹着口哨或哼着歌儿，是个无忧无虑的快乐人。”

他喜欢唱歌，参加过巡回演出团，甚至还出国演出过。他经常跟自己的乐队一起到孤儿院去义演，他将和18岁的儿子一起录制的磁带送给他的朋友。晚年的他生活并不富裕，但是他每天都很开心，因为他可以开心地生活，而这一切都是靠自己自食其力得来的。

身体上的严重损伤都不足以打倒彼得，他甚至通过努力拥有了比很多正常人还要精彩、丰富的人生，这需要多么大的意志力。因此我们可以说，在一个智慧和勇气并存的灵魂中，“死角”几乎是不存在的。如果你有足够的信念打败悲惨的命运，那么你总有一天能从所谓的“死角”中找到转机，再去创造一番不一样的人生辉煌。

一夜之间，一场雷电引发的山火烧毁了美丽的“森林庄园”，刚刚从祖父那里继承了这座庄园的保罗·迪克陷入了一筹莫展的境地。百年基业，毁于一旦，怎不叫人伤心？

百般痛苦和思索之后，保罗决定倾其所有修复庄园。于是他向银行提交了贷款申请，但银行却拒绝了他。再也无计可施了，这位年轻的小伙子经受不住打击，闭门不出，眼睛熬出了血丝，他知道自己再也看不见曾经郁郁葱葱的森林了。

一个多月过去了，年已古稀的外祖母获悉此事，意味深长地对保罗说："小伙子，庄园成了废墟并不可怕，可怕的是，你的眼睛失去了光泽，一天一天地老去。一双老去的眼睛，怎么能看得见希望……"保罗在外祖母的说服下，一个人走出了庄园。

深秋的街道上，落叶凋零一地，一如他零乱的心绪。他漫无目的地闲逛，在一条街道的拐弯处，他看到一家店铺的门前人头攒动，他下意识地走了过去。原来是一些家庭主妇正在排队购买木炭。那一块块木炭忽然让保罗的眼睛一亮，他看到了一丝希望。

在接下来的两个星期里，保罗雇了几名炭工，将庄园里烧焦的树木加工成优质的木炭，分装成1000箱，送到集市上的木炭经销店。

结果，木炭被抢购一空，他因此得到了一笔不菲的收入，然后他用这笔收入购买了一大批新树苗。几年以后，"森林庄园"再度绿意盎然。

辩证法告诉我们，每件事情都是有两面的。所以从这个角度说，世界上根本没有所谓的"死角"。也许你在遭受重大挫折的同时，已经有一个相应的机会慢慢浮现。只是有些人被痛苦灼伤了心灵、蒙蔽了眼睛，使得自己无法看到其中蕴藏的机遇。中国有句古话叫"福兮祸兮"，就是有祸的地方必然有福相伴。那些比较脆弱、容易被击垮的人，应该时刻牢记这句话，即使在遭遇重大伤痛的时候，也要坚强地挺住，去寻找那一条新的出路。

“举”世“明”言

信念不倒，人就不倒。有些事情我们无法选择，但是我们可以选择坚强。只要信念不倒，我们就会有面对苦难的勇气；只要信念不倒，我们就能从跌倒的地方爬起来继续向前。

只要不服输，就有赢的希望

只要不服输，失败就不会是定局。

成功人士都有这样一个特征：在成功之前，往往都遭遇过非常大的挫折，在外人看来本应该放弃的事情，但他们却在坚持，最后他们成功了。所以，人生的光荣不在于永不失败，而在于能够屡败屡战。也就是说，成功的人不是从未失败过，而是在失败之后，甚至是多次失败之后还能够积极地往成功之路上不断迈进。他们会跌倒了再爬起来，有一种不服输的精神，所以他们成功了。

希拉斯·菲尔德从海底铺设一条连接欧洲和美国的电缆。毫无疑问，电缆要穿过大西洋，这是一项十分浩大的工程。

铺设工作开始了，但随后却遭遇了前所未有的困难。

他用英国旗舰“阿伽门农”号和美国海军新造的豪华护卫舰“尼亚加拉”号来铺设电缆，都没有成功，不是电缆被卷到了机器里面断了，就是电缆里没有了电流。有一次，甚至还突然发生了轮船严重倾斜的危险。

无数次大大小小的失败，让人们对从海底铺设电缆产生了怀疑，但菲尔德依旧相信事情一定会成功。于是在一片反对声中，他不仅订购了700英里的电缆和定制了新的铺设机器，而且还聘请了一位专家，重新制订铺设计划。

可是，电缆的铺设工作依然不顺利，依然是老问题，不是电缆断了就是电缆里没有了电流。

随后，可怕的事情发生了，有些投资者不愿再投资了。只有少数投资者看到菲尔德为此日夜操劳，因为可怜他，才决定再给他一次机会。

老天有眼，这次尝试出人意料的顺利，全部电缆铺设完毕，没有任何中断，几条消息也通过这条漫长的海底电缆发送了出去。可是好景不长，就在大家准备庆功的时候，电缆电流又突然中断了。

这时候，除了菲尔德外，所有人都感到了绝望，没有人再给他投资了。但菲尔德仍然坚持，他又找到了新的投资人，可是，接下来迎接他的依然是失败。

所有的投资人都不愿意再给他机会了，于是，这项工程就耽搁了下来。失败并没有难倒菲尔德，第二年，他组建了一个新的公司，重新找到了投资人，继续推进这项工程。

在铺设电缆的过程中，不知经历了多少次失败，但菲尔德挺过来了。1866年7月，电缆顺利接通，菲尔德发出了世界上第一份横跨大西洋的电报，内容是："7月27日。我们晚上9点到达目的地，一切顺利，感谢上帝！电缆都铺好了，运行完全正常。希托斯·菲尔德。"

希拉斯·菲尔德先生的经历是充满挫折的，但他的精神是可贵的，取得的成绩是辉煌的。在我们一生中常会遇到很多或大或小的挫折，这一点谁都无法避免。在挫折面前，成功者一定不会被吓倒，他们敢于直面挫折，把它当作是成功对自己的考验，并坚强地继续走下去。因此，挫折成为成功者可贵的财富，成为他们成功的垫脚石。因此，在困难和挫折面前，是否具备百折不挠的毅力，在某种意义上，可以说是区别成功与失败的标志之一。

每个人都有自己的目标，只要你肯努力就可以取得成功。我们要有永不服输的精神，只要是我们认定的事情，就要努力地去完成。

“举”世“明”言

只要你有一颗永不服输的心，有一种越挫越勇的意志，内心就会升腾起一股勇往直前的勇气，生命也将闪耀着无边无际的绚烂光芒。

让“绝不可能”变为“绝对可能”

世界上有很多“不可能”做到的事，但你要有一颗“可能”做到的心。世界上有很多“可能”做到的事，但你要有把它做得好上加好的信念。

卡莱尔曾说：“任何杰出的工作，起初看起来都是不可能完成的，事实上并非如此。”有的人最爱说的话就是“不可能”，在做事情之前，你告诉自己“不可能完成”，结果你便真的没有完成，于是你更加相信自己一开始给自己设定的高度。

美国作家杰克·伦敦的著作《热爱生命》中有一段关于人与狼搏斗的精彩片段：

“那只狼始终跟在他后面，不断地咳嗽和喘嗑。他的膝盖已经和他的脚一样鲜血淋漓，尽管他撕下了身上的衬衫来垫膝盖，他背后的苔藓和岩石上仍然留下了一路血渍。有一次，他回头看见病狼正饿得发慌地舔着他的血渍，他顿时清清醒醒地预见到了自己可能遭遇的结局，除非他干掉这只狼。于是，一幕从来没有演出过的残酷的求生悲剧开始了：病人一路爬着，病狼一路跛行着，两个生命就这样在荒原里拖着垂死的躯壳，相互猎取着对方的生命……靠着顽强的求生欲望，他最终用牙齿咬死了狼，喝了狼血，活了下来。”

有人说，人们在通常情况下只发挥出了他个人能力的1/10，而在受到了重大的挫折和刺激之后，才能将大部分或者全部隐藏的能力爆发出来。所以，在我们的生活中，我们常常看到一些过去碌碌无为的人，在经历了一些生活的苦痛和精神上的折磨之后，会突然爆发出很大的潜能，做出很多让人意想不到的事情来，可见，人并不是“不可能”，而是没有发现自己的能力而已。

一位撑竿跳选手，一直苦于无法超越一个高度。他失望地对教练说：“我实在是跳不过去。”

教练问：“你心里在想什么？”

他说：“我一冲到起跳线时，看到那个高度，就觉得我跳不过去。”

教练告诉他：“你一定可以跳过去。把你的心从竿上撑过去，你的身子就一定会跟着过去。”

他撑起竿又跳了一次，果然一跃而过。

我们每个人都是一个撑竿跳选手，而我们一次次跳过的是“我不能”的精神障碍。相信自己有能力做好身边的每一件事，只有树立这样的信心，才可以走出消极心理的圈子，走上成功之路。

当自己不再相信自己，将自己的勇气和信心都锁进心门的时候，我们就永远不能实现自己的梦想了。所以，想要人生按照自己设定的方向行走，想要生命中所有的潜能都爆发出来，就要敢于突破心中的枷锁、突破自我。

在这个世界上没有什么不可能，只要我们敢想、敢去闯，只要我们有智慧、有毅力、有让人敬重的品质，那些令人望而生畏的“不可能”也会被我们彻底征服。

在这个世界上，没有什么是不可能做到的。世界上有很多事，只要你去做，你就能成功。首先，你要在思想上突破“不可能”这个禁锢，然后从行动上开始向“不可能”挑战，这样你才能够将“不可能”变成“可能”。

有些人只要遇到一些问题，就产生“只能到此为止”的念头，或者认为自己已经到了“智能极限”，没有可能再前进一步了。很多的成功人士却与此相反，他们总是勇于向所谓的“智能极限”挑战，变各种“不可能”为“可能”。原因多半要追溯到这些人物比较无畏的品格。他们显然较少有对文化的顺应态度，他们不害怕别人会说什么、会要求什么、会笑话什么。

“举”世“明”言

人生中没有“不可能”，你坚信什么，便要竭尽所能去做。“不可能”只是我们欺骗自己的一个借口，是我们取得成功的绊脚石，只有克服了“不可能”这种心理因素，你做什么都“绝对可能”。

迎难而上，才能越战越强

流过泪的眼睛更明亮，滴过血的心灵才最坚强。

人生道路上，一旦选准目标，就应该执着、坚定地朝着自己心中的目标进发。在做事的过程中，必定会遇到这样或那样的困难，假如一遇到困难就打退堂鼓，必将一事无成。只有锲而不舍地迎难而上，用意志和智慧去克服一个又一个前进路上的困难，才能成功地抵达终点。

很多人都对“愚公移山”的故事十分熟悉。这个故事旨在告诉人们，“世上无难事，只要肯登攀”。一个人要想登上成功之巅，除了不懈努力之外，还要有坚韧不拔的意志。

人生犹如一艘航船在无边无际的大海中航行，随时都会有暗礁的阻挠、风浪的袭击……其中，最大的危险恰是来自自己——在狂风肆虐的海域上，需要坚定的信念和冷静的心态，从容地面对艰险，全力战胜阻挠，勇敢地挑战未来，否则，人生的航船必将被大海吞噬……

2015年10月5日，瑞典卡罗琳医学院宣布，将本年度诺贝尔医学奖授予中国的药物学家屠呦呦、日本的有机化学家大村智和美国的生物学家坎贝尔，三人共享殊荣。屠呦呦一生从事中医药的研究，1971年成功用乙醚提取青蒿素，应用于防治由疟原虫引起的疟疾，从而减低疟疾对人的毒害，拯救了数以百万计第三世界人民的生命。

屠呦呦是土生土长的中国科学家，没有海外留学经历，也没有博士学位，一生默默无闻地工作和研究；1955年加入中国中医科学院的前身中医研究院工作，终身贡献科研事业，成为中国中医科学院的终身研究员，她的成就为新中国成立66年来在诺贝尔奖的零的突破，不但证明了中国科研水平先进，也显示了女性的科研能力一点儿也不比男性逊色。

屠呦呦成为首个获得诺贝尔生理学或医学奖的中国公民，这一荣誉让众多中国人倍感自豪。“十年寒窗无人问，一举成名天下知。”这是古代科举制度成功人士的真实写照，而屠呦呦的“一举成名”，意义非凡，这不是一个人的喜事，而是举国欢庆的大喜事。

迎难而上是干事创业的重要法宝。为提取青蒿素，她潜心投入深爱的事业中，数十年如一日，由于经常和各种化学溶液打交道，使得屠呦呦的身体受到损害，一度患上中毒性肝炎；前后共经历了190次失败，但她都坚持了下来。

屠呦呦的经历，让我们真切地感受到“迎难而上”的内涵和意义——在每一次失败之后，不灰心、不放弃、不埋怨，总结经验，吸取教训，独辟蹊径，力求突破，直到成功。

许多人在困境中之所以变得沮丧，是因为他们原先并没有与困难作战的心理准备，当进展受挫、陷入困境时便惊慌失措，或怨天尤人，或到处求援，或借酒消愁……这些做法只能瓦解自己的意志和毅力，客观上是帮助困难打倒自己。他们不打算依靠自己的力量去克服困难，结果，一切可以征服困难的可行计划便都宣告停止执行，本来能够克服的困难也变得“坚不可摧”。不言而喻，这种人永远也找不到克服困难的方法。

真正坚强的人，不但在碰到困难时毫不害怕，而且在没有碰到困难时，还积极主动地寻找困难——这是具有更强的成就欲的人，是希望冒险的开拓者，他们更有希望获得成功。

“举”世“明”言

困难的环境，最能磨炼人的素质、增强人的才干，对人的性格有着特殊的锻炼价值。面对困难，大家不必害怕也不必回避，而应以积极的态度迎难而上，在征服困难的过程中把自己锻炼得更加坚强。

虽然输在起点，但要赢在终点

如果你输在了起点，一定要想办法赢在终点。

我们常常听到人说，要赢在起跑点。其实没有赢在起跑点也没关系，只要能够赢在终点，从哪里起跑根本一点也不重要，如果你无法赢在起跑点，那么就要想办法让自己赢在终点。

他出生在孟买的一个贫苦家庭，七八岁就开始帮着父母赚钱养家，深深体会到低阶层生活的不易。父亲在火车站摆了一个茶摊，每天放学，别的小孩都高高兴兴回家了，他却要背着书包，一路赶到车站，帮父亲卖茶。看着曳着长烟、奔驰而来又疾驶而去的火车，年少的他心里总会生出无限的向往，幻想自己正坐在那一排长窗的某一扇窗口，无穷的风景渐次展开。

抱着这样一份向往，他比同龄孩子显得更加成熟。他知道，在印度这样一个等级制度森严的社会，像他这样处在社会底层的人，只有通过努力才可以改变卑微的命运。无数个夜晚，他就着如豆的油灯，通宵达旦地学习。书读得越多，心越不安分，他苦苦思索：自己的一生怎样才能更灿烂？那时起，从政的梦想便悄悄萌芽。

然而，他的想法却遭到了周围人的耻笑，说他是异想天开。是啊，一个卖茶的穷小子，竟然想要从政，莫不是痴人说梦？面对那些耻笑，他毫不在意，而是积极参加各种社会活动，坚持为自己的梦想努力着……

卑微的出身像牢笼一样禁锢着他，父母不理解、家人不支持，在他们看来，人的命上天已经注定，娶妻生子，过一份安稳的生活就足够了。他们按照传统给他订了一门“娃娃亲”，并在他 18 岁那年，强迫完婚。无奈之下，他只好按照父母的意愿完婚。暂时的妥协并不意味着他放弃了自己的梦想，没过多久，他便不辞而别，偷偷离开了家乡。

当时的印度政坛风云变幻，经济停滞不前，民众苦不堪言。两年的漂泊生活，丰富了他的阅历，磨炼了他的意志，也让他更明确了自己的梦想：做一个勇立潮头的人，为自己的国家和民众做一些有意义的事。他重新回到了家乡，并加入国民志愿团，一边经营茶摊，一边参与一些政治活动。

卑微的出身和对贫穷生活的体验，让他更能设身处地为劳苦大众着想。他经常在一些刊物上就民主问题发表评论，他的文章视角敏锐、观点犀利，一度在印度政坛引发广泛议论。慢慢地，他的政治才能开始崭露头角，引起了很多人的关注。

1981 年，他加入成立不久的印度人民党，几年后，被任命为人民党古吉拉特邦秘书长，他作为组织者的才能逐步得到认可，正式进入主流政治圈。之后，犹如一颗政坛明星，他的影响力越来越大，凭借卓越的领导能力先后胜任人民党全国秘书长、总书记、古吉拉特邦首席部长。2014 年 5 月印度大选中，他以绝对优势战胜出身政治豪门的国大党领袖拉胡尔·甘地，登上最高政治舞台。

他的名字叫纳伦德拉·莫迪。从昔日的街头小贩，到 12 亿人口大国的总理，莫迪以自己的传奇告诉人们：“起点的高低并不意味着终点的高低，低起点更能磨砺一个人的心气。再卑微的起点，只要你肯努力，终点同样可以精彩无限！”

的确，在人生的跑道上，不必过于在意起点的优劣输赢，因为起点仅仅是一个开始，它并不能够决定终点。只要心存梦想，并坚持不懈地为之努力，每个人都可以书写自己的传奇，最终赢在终点。

“举”世“明”言

赢在起跑点的人，不一定能够赢得人生最后的胜利，而输在起跑点的人，也有可能在人生这场马拉松中赢得胜利。

"李"氏讲堂

驱动信念力的规律

经常重复一种思想会产生信念，进而变得坚信不疑。重复使最难的事变得容易，重复使鉴别力更敏锐，使第六感觉更敏锐，使潜意识工作更精确。我们自然而然地更加成绩卓著。

开水之所以能沸腾是因为不断重复加温的结果。如果烧到99℃就停止加温的话，仍然只是温水而不是开水。生活中许多的广告都利用了重复的心理规律。

只有不断重复的人，才能消除潜意识里的负面信念，才能最终获得成功。下面是驱动信念力的重复规律，可以每天试一下。

地点：洗漱间

时间：早晨

重复步骤：

第一条，今天，我要开始全新的生活。

信念练习：每次，当你要刷牙的时候，在心里重复："今天，我要开始新的生活。"

第二条，我是最棒的，一定会挣很多钱。

信念练习：拿出牙刷，像个棒子吗？对。"我是最棒的，一定会挣很多钱。"

第三条，成功一定有方法。

信念练习：拿出牙刷，前端是方的吗？"成功一定有方法。"

第四条，我要每天进步一点点。

信念练习：挤出牙膏一点点。"我要每天进步一点点。"

第五条，我用微笑来面对生活。

信念练习：张开口，准备将牙刷入进口里。“我用微笑来面对生活。”

第六条，人人都是我的贵人。

信念练习：牙膏“挨”着牙齿了，一排牙膏犹如一群人。“人人都是我的贵人。”

第七条，天生我材必有用。

信念练习：刷牙的时候，要横着刷牙，口张到最大。“天生我材必有用。”

第八条，我爱我的工作。

信念练习：刷牙完毕，看着镜子里的自己，坚定信心。“我爱我的工作。”

第九条，我要立即行动。

信念练习：离开梳妆台。“我要立即行动。”

第十条，坚持到底，绝不放弃，直到成功。

信念练习：开始出门。“坚持到底，绝不放弃，直到成功。”

重复方法：

第一种，连续30天，每天把第一条信念重复10次。30天后，再连续10天，把第二条信念重复10遍。依次类推。这样，在300天的时间，你会重复所有信条300次，这些信条就将在你的大脑里扎根、生芽、成长，融入你的血脉，变成你自己真实的信念。只是，每天这10次最好是手写，写每个字的时候，多想一想它的深层含义，为它所感动，为它所吸引，不要变成自言自语，更不要心不在焉。

第二种，每天都把这10条重复2遍以上，持续10年。

第三章

经营头脑——更新思维走出观念迷障

成功者之所以在众多的竞争者中一枝独秀，就是因为他们拥有出奇制胜的思路。人与人之间的差别，从根本上说就是自身思路的差异。所以，要想成功就要学会经营大脑，更新思维，转变观念。

观念，就是你的起跑线

你人生的观念，就是你远航的起跑线。

老旧观念是横在我们头上的一把标尺，许多人长期把自己置于标尺之下，始终不敢抬头、不敢超越，致使自己停滞不前。聪明者应该勇于跨越旧观念，这样才能突破自我、解放自我，给自己的人生开辟一片新的空间。

很多人都是被枷锁套住的囚徒，这个枷锁就是观念。观念是人心灵的核心，它最为根本，也最为重要。观念一旦在人的大脑中形成，便会顽固地控制人的大脑，决定着人的观察视角、思维方式、价值取向、行为方式和生活方式。有错误的观念，就会做出错误的选择、错误的判断、错误的行动；反之，有正确的观念，就能做出正确的选择、正确的判断、正确的行动。

马尔比·巴布科克说："最常见，同时也是代价最高昂的一个错误，就是认为成功依赖于某种天才、某种魔力，以及某些我们不具备的东西。"成功的要素其实掌握在我们自己手中，那就是正确的观念。一个人能飞多高，并非由其他因素，而是由他自己的观念所决定。

下面这个故事，相信对大家会有所启发。

有两位老太太，都已年满70岁，到了颐养天年的年龄。

一位老太太认为，到了这个年纪，可算接近人生的尽头，还有什么希望呢？于是开始料理后事，结果没几年就死了。

而另一位老太太却认为，一个人能做什么事不在于年龄的大小，而在于自己的想法。于是，她在70岁高龄时“异想天开”，开始练习登山。她不断地攀登，20多年的时间，居然登上了很多高山，其中还有好几座是世界上有名的山峰。95岁时，老太太成功地登上了日本的富士山，成为攀登此山年龄最高的人。

这位老太太就是著名的胡达·克鲁斯老太太。

70岁开始练习登山，这真是一大奇迹。但奇迹也是人创造出来的。一个人如果是个积极思维者，喜欢接受挑战和应付麻烦事，那他就成功了一半。胡达·克鲁斯老太太的壮举正验证了这一点。

须知，人生就是一连串的思考过程，每个人的前途和命运完全掌握在自己手中，只要有正确的观念，成功就离你不远。

换一种观念，就能换一片天空。你的观念是正确的，就会得到万里晴空；你的观念若是错误的，天空将会乌云密布。

观念是对自我和世界的认知，是我们灵魂的一部分，它伴随我们而生，也伴随我们而长。因此，决定我们人生成败观念的形成，实质上就是一个“成长—成熟—成就”的过程。例如，孩子对于世界的认知是有限的，所做出的决定、采取的行动难免有些幼稚，但随着年龄的增长，所接触的事物增多，他的决定和行动就变得成熟、有效起来。这就是观念不断积累、完善带来的结果。

从现在开始，为我们的人生树立一个正确的观念，去了解所要从事的行业。我们对一件事物的认知直接决定了我们的态度，我们的态度则直接影响到行为，进而影响到我们的命运。

“举”世“明”言

财富买不来好观念，好观念能换来亿万财富。世界上最大的市场，就在人的脑海里。

想得不一样，才能做得不一样

只有想得不一样，才能做得不一样。

但凡古今中外那些名垂青史的人，那些在各个领域取得极大成功的人，他们的思维都不同于别人。也正因如此，他们才能从芸芸众生中脱颖而出，在人类历史的长河中，滑出一道属于自己的美丽之光。

陈胜是一个农民，当别的乡亲都安于通过辛苦种地得到微薄的收成，让一家人勉强糊口度日时，他却胸有大志，时时心忧百姓和苍生。当别人嘲笑他不安本分，癞蛤蟆想吃天鹅肉时，他却冒出惊天动地的一句话："王侯将相，宁有种乎?"

正是这份不同于众人的想法和胸襟，才使得他在大泽乡连遇几天暴雨后，眼看依照秦朝的法律，他以及和他一起被送去做工的农民都要被处死的关键时刻，挽狂澜于既倒，带头掀起了轰轰烈烈的大泽乡起义，让暴秦的统治就此终结。

项羽是一介武夫，当自己的叔叔和家乡父老看到秦始皇的车架浩浩荡荡地从眼前经过时，当众人对皇帝的威严顶礼膜拜时，项羽却非常大气地说："我可取而代之。"这句话，吓得他叔叔赶紧捂住了他的嘴；这句话，也让他在风起云涌的农民起义中独树一帜，成就了楚霸王的伟业。

在那个等级制度极为森严的"君为臣纲、父为子纲、夫为妻纲"的封建时期，陈胜和项羽都能打破文化和舆论给自己带来的束缚，因为他们想的和普通人不一样，所以才能有后来农民起义中的卓越表现。他们通过自己极具创造力的想法改变了历史，也改变了自己前进的方向，让原本一介平民的自己登上历史舞台大施了一番拳脚，做到了“雁过留声，人过留名”。

众所周知，广告就是要广而告之的。平面广告要有文字，广播广告要有声音，电视广告要有画面，这是广告的一个普遍原则。但是，在广告界有这样一个奇特的案例：

纽约的一家银行在新开业想要迅速打开知名度时，采用了一种让人意想不到的做广告的方法。

一般来说，银行开业的广告目的是要宣传一下，为此，银行会搞个大促销，或者请个名人推广。但这家银行并没有采用其他银行开张时宣传使用的惯用方法，而是买断了当地各家电台的黄金时段 10 秒钟，在这 10 秒钟内，开始的整个宣传内容是提醒所有听众朋友注意收听由本市国际银行向大家提供的沉默时间。

然后，整个纽约所有电台都沉默，这沉默的 10 秒钟激起了听众极大的兴趣，大家议论纷纷。各大媒体也对此竞相报道，这个广告一时间成了当地的热门话题。这家银行的开业广告获取了出其不意的效果，营业额大增。

这家银行正是因为在做广告时想的和大众不一样，所以这种奇特的做法才会让大众更加感兴趣，彻底打破了人们对于广告的惯性思维，告诉世人：即使广播广告也并不一定要在那里大费口舌。这个沉默时间以自己的不说话唤起所有人说话，反而让广告收到了更加引人注目的效果。

总之，在这个崇尚创新、变化速度不断加快的新时代，我们不仅要追赶变化的步伐，更要善于使用创新和差异化的方法，如此才能让自己变得更快、更好、更有特色。

“举”世“明”言

人生的成败往往就在于一念之差。穷富的差距在于想法的不同。想法决定我们的生活，有什么样的想法，就有什么样的未来。

世界上唯一不变的就是“变”

世上唯一不变的，就是一切都在“变”。

世间万物都在变。没有变化，就会落后，就无法生存。事变我变，人变我变，适者方可生存。成功离不开变通，很多人之所以处处碰壁，最重要的原因就是不能适应这个变化的世界。

下面这个故事中的主人公张娜是一个善于变通、能够解决问题的高手，正是这种遇到困难找方法的精神造就了她事业上的成功。

几年前，张娜还是一家建筑材料公司的业务员。当时公司最大的问题是如何讨账。公司产品不错，销路也不错，但产品销出去后，总是无法及时收到款。有一位客户，买了公司10万元的产品，但总是以各种理由迟迟不肯付款，公司派了三批人去讨账，都没能拿到货款。当时她刚到公司上班不久，就和另外一位姓张的同事一起，被派去讨账。他们软磨硬泡，想尽了办法，最后，客户终于同意给钱，叫他们过两天来拿。

两天后他们赶去，对方给了一张10万元的现金支票。他们高高兴兴地拿着支票到银行取钱，结果却被告知，账户上只有99000元，很明显，对方又耍了个花招，他们给的是一张无法兑现的支票。第二天就要放春节假了，如果不及时拿到钱，不知又要拖延多久。

遇到这种情况，一般人可能一筹莫展了，但是张娜突然灵机一动，拿出 1000 元，让同去的小张存到客户公司的账户里去。这一来，账户里就有了 10 万元。她立即将支票兑了现。当她带着这 10 万元回到公司时，董事长对她大加赞赏。之后，她在公司不断发展，5 年之后当上了公司的副总经理，后来又当上了总经理。

同张娜一样，许多成功者成功的秘诀就在于善于变通。只有适时做出改变，才能克服困难，走向成功。美国名人罗兹说："生活的最大成就是不断地改造自己，以使自己悟出生活之道。"由此可知，变通就是我们遇到困难和变化时所采取的方法和手段。这种方法和手段有以下两大特点：一是根据客观情况的变化而改变自己；二是深刻理解了变化原因之后，努力去引导变化、驾驭变化。

日本丰臣秀吉当政时期，有一次，一场暴雨使得河坝溃决。当时情况非常危险，丰臣秀吉立刻赶到现场指挥，鼓舞部下的士气。然而溃决河堤必须用土包才能堵塞得住，而土包的制作需要很长时间，雨势却越来越凶猛，水位也跟着逐渐上涨。

就在大家议论纷纷、束手无策的时候，石田三成跑过来，他打开米仓，命令将士们将米袋搬出来，去堵塞堤防的决口。由于这项随机应变的措施，避免了一场大灾难的发生。不久，雨势渐缓，水位也下降了。这时，石田三成发布声明：如果附近的居民能够制造出可以堵住河堤缺口的土包，就用米做奖赏。周围的人纷纷响应，制造了许多坚固的土包，因此在很短的时间内，堤防就修好了，而且比以前更加牢固。看到这种情形，丰臣秀吉赞叹不已。

一位成功学大师说："历史上的伟人，第一等智慧的领导者，晓得下一步是怎么变，便领导人家跟着变，永远站在变的前头；第二等人是应变，你变我也变，跟着变；第三等人是人家变了以后，他再以比别人变得还快的速度追上去，并超越人家。”

想做一名成功者，就必须不停地做着调整，不停地适应社会的变化，这样才能打破常规迈出成功的一步。有许多满怀雄心斗志的人毅力很坚强，但是由于不会积极地适应多变的环境而无法成功。根据现实的情况为实现目标而改变策略吧！如果你的确感到行不通的话，就请尝试另一种方式。

“举”世“明”言

我们改变不了过去，但可以改变现在；我们很难改变环境与问题，但可以改变自己。擦亮发现的眼睛，变换思维的角度，千变万化将由你驾驭。

没有走不通的路，只有不会走的人

世上没有走不通的路，只有不会走的人。

行走中的人，既要能够看到远处的山水，也要能够近看自己脚下的路。“不计较一时得失，基于全景考虑而决定的变通”，往往是抵达目的地的一条捷径。变通，既是为了通过，更是为了向前。

生命的长途中既有平坦的大道，也有崎岖的小路；聪明的人既向往大道的四通八达，也憧憬小路上的美丽风景；生命的轮回中四季交替，既有姹紫嫣红、草长莺飞的明媚春光，也有银装素裹、万木凋零的凛冽冬日，万物生灵随着季节的轮转调整着自己的生存方式。

在生命的春天中，我们可以充分享受和煦的春风、温暖的阳光，而遭遇寒冬之时，要及时调整步速，不急不躁地把握住生命的脉搏。

人的一生，总要经风历雨，横冲直撞，一味拼杀的是莽士；运筹帷幄，懂得变通的才是智者。

从前，有一个贫困者，他有一个非常漂亮的女儿。贫困者生活拮据，妻子又体弱多病，不得已向富有者借了很多钱。年关将至，贫困者实在还不上富有者的钱，便来到富有者家中请求他拖延一段时间。

富有者不相信贫困者家中困窘到了他所描述的地步，便要求到贫困者家中看一看。

来到贫困者家后，富有者看到了贫困者美丽的女儿，坏主意立刻就冒了出来。他对贫困者说："我看你家中实在很困难，我也并非有意难为你。这样吧，我把两个石子放进一个黑罐子里，一黑一白，如果你摸到白色的，就不用还钱了，但是如果你摸到黑色的，就把女儿嫁给我抵债。"

贫困者迫不得已只能答应。

富有者把石子放进罐子里时，贫困者的女儿恰好从他身边经过，只见富有者把两个黑色石子放进了罐子里。贫困者的女儿刹那间便明白了富有者的险恶用心，但又苦于不能立刻当面拆穿他的把戏。她灵机一动，想出了一个好办法，悄悄地告诉了自己的父亲。

于是，当贫困者摸到石子并从罐子里拿出时，他的手"不小心"抖了一下，富有者还没来得及看清颜色，石子便已经掉在了地上，与地上的一堆石子混杂在一起，难以辨认。

富有者说："我重新把两颗石子放进去，你再来摸一次吧！"

贫困者的女儿在一旁说道："不用再来一次了吧！只要看看罐子里剩下的那颗石子的颜色，不就知道我父亲刚刚摸到的石子是黑色的还是白色的了吗？"说着，她把手伸进罐子里，摸出了剩下的那颗黑色石子，感叹道："看来我父亲刚才摸到的是白色的石子啊！"

富有者顿时哑口无言。

“再来一次”意味着穷人把女儿嫁给富人抵债，而穷人的女儿则通过思维的转换成功地扭转了双方所处的形势。所以很多时候与其硬来，不如做出变通。当客观环境无法改变时，改变自己的观念，学会变通，才能在绝境中走出一条通往成功的路。

生活中许多事情往往都要转弯，路要转弯，事要转弯，命运有时也要转弯。转弯是一种变化与变通，转弯是调整状态，也是一种心灵的感悟。生命就像一条河流，不断回转蜿蜒，才能穿越崇山峻岭，汇集百川，成为巨流。生命的真谛是实现，而不是追求；是面对现实环境，懂得转弯迂回和成长，而不是直撞或逃避。

“举”世“明”言

世界上没有走不通的路，只有想不通的人，只要稍加变通，你就能走好美好的一生。

没有解决办法，那就改变问题

如果找不到解决问题的办法，那就试着改变这个问题。

当我们苦苦寻找解决问题的办法，却因方法不当而一次一次地进行尝试时，不妨想一想能不能将问题稍加改变，使我们的方法更加适合它。

危机来临，许多问题找不到解决的办法怎么办？一般的人也许会告诉你：“那只能放弃了。”但善于运用逆向思维的杰出人士会这样说：“找不到办法，那就改变问题！”

在19世纪30年代的欧洲大陆，一种方便、价廉的圆珠笔在书记员、银行职员甚至是富商中流行起来。制笔工厂开始大量生产圆珠笔。但不久却发现圆珠笔市场严重萎缩，原因是圆珠笔前端的钢珠在长时间的书写后，因摩擦而变小，继而脱落，导致笔芯内的油漏出来，弄得满纸油渍，给书写工作带来了极大的不便。人们开始厌烦圆珠笔，不再用它了。

一些科学家和工厂的设计师们为了改变"笔芯漏油"状况，做了大量的实验。他们都从圆珠笔的珠子入手，尝试用上千种不同的材料来做笔前端的圆珠，以求找到寿命最长的圆珠，最后找到了钻石这种材料。钻石确实很坚硬，不会漏油，但是钻石价格太贵，而且当油墨用完时，这些空笔芯怎么办?

为此，解决圆珠笔笔芯漏油的问题一度搁浅。后来，一个叫马塞尔·比希的人却很好地将圆珠笔进行了改进，解决了漏油的问题。他的成功是得益于一个想法：既然不能延长"圆珠"的寿命，那为什么不主动控制油墨的总量呢？于是，他所做的工作只是在实验中了解一颗钢珠在书写中的"最大用油量"，然后每支笔芯所装的"油"都不超过这个"最大用油量"。结果解决了这个大难题。这样，方便、价廉又"卫生"的圆珠笔又成了人们最喜爱的书写工具之一。

马塞尔·比希发现解决足够结实又廉价的"圆珠"这个问题比较困难，便将问题转换为控制"最大用油量"，运用逆向思维使原本棘手的问题得到了巧妙的规避，并且不需要耗费过多的精力和财力。

马塞尔·比希灵活改变了着手点，就解决了问题。有一位智者说，这个世界上有两种人：一种人是看见了问题，然后界定和描述这个问题，并且抱怨这个问题，结果自己也成为这个问题的一部分；另一种人是观察问题，并立刻开始寻找解决问题的办法，结果在解决问题的过程中使自己的能力得到了锻炼，品质得到了提升。你愿意成为问题的一部分，还是成为解决问题的人，这个选择决定了你是一个失败者还是成功者。

其实，现实生活往往如此，无论你做了多少研究和准备，有时事情就是不能如你所愿。如果你尽了一切努力，还是找不到一种有效的解决办法，就不妨像马塞尔·比希那样，从反方向出发，寻找解决问题的最佳途径。其实，思维逆转本身就是灵感的源泉。

找不到解决方法，就试着改变这个问题。

某楼房自出租后，房主不断接到房客的投诉。房客说，电梯上下速度太慢，等待时间太长，要求房主尽快更换电梯，否则他们将搬走。

已经装修一新的楼房，如果再更换电梯，成本显然太高。如果不换，万一房子租不出去，更是损失惨重。房主想出了一个好办法。几天后，房主并没有更换电梯，可有关电梯的投诉再也没有接到过，剩下的空房子也很快租出去了。

为什么呢？原来，房主在每一层的电梯间外的墙上都安装了很大的穿衣镜，大家的注意力都集中到自己的仪表上，自然感觉不出电梯的上下速度是快还是慢了。

更换电梯显然不是最佳的解决方案，但问题该怎么解决呢？房主也运用了逆向思维，将视角从“换不换电梯”这一问题转换到了“如何让房客不再觉得电梯慢”，问题变了，方案也就产生了，转移大家的注意力就可以了。

无论你做了多少研究和准备，就是达不到自己预想的结果。如果试了很多方法，还是不能有效解决问题，那就试着改变这个问题。

“举”世“明”言

为问题寻找到合适的解决办法是通常使用的正向思维思考方式，但是，当难以找到解决途径时，也许最好的解决办法就是将问题改变，改变成我们能够驾驭的、容易解决的。

莫挤“独木桥”，勇闯“阳关道”

和众人齐挤独木桥，不如自己开辟阳关道。

众人追逐的目标似乎才是最有价值的，因为它有着前人的经验作保证，而前人的道路也为你提供了参考的蓝本，所以你甘居后位。但事实上只有第一只螃蟹吃起来最香，你必须敢为人先，才能在别人没有发现的地方发掘出最大的财富。

1. 跟随前人的脚步，你永远只能在后面

很多人希望拥有一番自己的事业，所以选择了创业。但在行业的选择上却秉持着这样的观念：“跟着赚钱的潮流走，哪里利多奔哪里。”他们喜欢随大溜一哄而上，飞奔去做保龄球或餐饮酒吧等行业，就是怕赶不上车的心态。而进入了这些行业，才发觉竞争者众多，而自身一无知识二无经验，处于相当大的劣势中。

实际上，这些已经被前人“踩烂”的道路，你是很难走稳的。只有摆脱常人的思维模式，踏出一条新的道路来，你才能在财富之路上异军突起。

在这个世界上，充满了形形色色的追随者和模仿者，他们总是喜欢依照他人的足迹行走，沿着他人的思路思考。他们认为，走别人走过的路可使自己省心省力，是走向成功的一条捷径。

其实，亦步亦趋是愚拙的选择，它是创造的劲敌。它会使你的心灵枯竭，没有动力；它会阻碍你取得成功，干扰你进一步的发展，拉长你与成功的距离。专事效仿他人的人，不论他所模仿的人多么伟大，也绝不会成功。没有一个人，能依靠模仿他人，去成就伟大的事业。所以，要想成功就不能只想着抄袭，总是重走别人走过的路。

2. 空白领域往往存在着被人忽视的利润

第一个吃螃蟹的人是勇士，第二个吃螃蟹的人是追随者，第三个吃螃蟹的人就是庸才。所以，很多时候，要想获得更大的成功，需要你突破陈旧思维，摆脱亦步亦趋的老调。敢为人先，要吃就吃第一只螃蟹。

美国石油大亨约翰·洛克菲勒说过："如果你要成功，你应该朝新的道路前进，不要跟随被踩烂了的成功之路。"只有摆脱常人的思维模式，踏出一条新的道路来，你才能在财富之路上异军突起。

改革开放以后，中国内地对纸张的需求巨大，在中国香港通过回收，再把废纸从香港带到内地，借此张茵迅速扩大了企业规模。到了1987年，张茵开始在大陆选择投资合作伙伴，分别和辽宁、武汉、河北的造纸厂合作，投资规模进一步扩大。此后张茵把事业触角延伸到美国，成为真正的"废纸回收大王"。

张茵就是在废品回收领域发现了别人没有发现的商机，所以做出了别人做不出的成绩。

很多热门领域的确拥有很好的市场，但这些领域因为关注的人太多往往难以留出利润给后来的人。所以，选择一些空白领域比挤独木桥要安全得多。虽然你也会遇到没有现成经验可以照搬的困境，但是因为少了更多的竞争对手，只要你能摸索出一条路，你就能成为这个领域的规则制定者。

3. 带着想法才能踏上新的路

新的道路或者新的领域潜藏着更大的机会，但是盲目的寻路者也将付出更大的代价。想要走一条和别人不同的道路，挖到别人没有挖到的金子，你必须先做好充分的准备，不打无准备之仗。只有带着比较完善而成熟的想法，你的创新之路才能走得更好更稳。

美国家用电器大王休斯原来是一家报社的记者，由于和主编积怨太深，他一气之下辞职不干了。有一天，休斯应邀到新婚不久的朋友索斯特家吃饭。吃菜时，他品尝到菜里有一股很浓的煤油味，简直无法下咽。但碍于情面，他又不好说什么。索斯特不可能吃不出那怪味道，但他也无可奈何，他新婚的妻子用的是煤油炉做饭，那时候大家都用那种炉子，很容易把煤油溅到锅里。索斯特只能埋怨炉子，然后又说："要是能有一种简便、卫生、实用的炉子就好了。"

说者无意，听者有心。索斯特的话对休斯的触动很大。"对呀，为何不生产一种全新的炉具投放市场呢？"不过他明白，这个计划的实现必须依赖科技的创新，所以他把大量的资金投入到研发领域，最终在1904年成功地研制出一系列新型的家用电锅、电水壶等家用电器，解决了存在已久的厨房问题，这些新电器迅速占领了家电市场。

休斯的成功就在于他首先看到了别人没有看到的商机，然后制订了详细的计划，并且规划了工作的重点。也就是说，他已经有了较为成形的想法，遵循着这些想法步步为营，最终成为电器大王。

另外我们还要强调的是，你的新想法必须立足于市场。脱离市场，再好的创新产品，也未必能带来经济利益。企业的经营者与纯粹的科研人员不同，经营者如果赚不到钱，就意味着经营失败或受挫。经营要想成功，推出新产品是一条胜算较大的途径，而衡量新产品成功的标准，不是看产品的"创新成分"或"科技含量"有多大，而是看它是否适应市场的需求。

某商人从电视上看到博物馆中藏有一个明代流传下来的被称为"龙洗"的青铜盆，盆边有两耳，双手搓磨盆耳，盆中的水便能溅起一簇簇水珠，高达尺余，甚为绝妙。该商人突发奇想，何不仿制此盆，将之摆放在旅游景点或人流量多的地方，让游客自己搓磨，经营者收费，岂不是一条很好的财路？于是他找来专家分析研究，试制成功后投放于市场，效果出奇的好。博物馆中的青铜盆只具有观赏价值，而此商家将之仿制，推向市场，则获得了很好的经济效益。

所以，当我们脑中有灵光闪现的时候，我们首先要估测这些想法是否有市场价值，然后为它做充分的准备。有了这些前期的工作，你再踏上别人未走过的崭新道路，才能稳步前进。

“举”世“明”言

当千军万马齐挤独木桥的时候，其实，阳关道往往就在独木桥的拐角处，只要你换一种思维与视角就会有惊喜的发现。

看清出路，才能杀出一条“血路”

思想的疾病比身体的疾病更可怕，救人救社会不如先救思维。

不知你有没有遇到过这样的情景：当你面对一个问题的时候，总是觉得太难了，怎么也想不出解决的办法。当你着急去做一件事的时候，总是有许许多多的障碍横在你的面前，让你难以跨越。当你想要做成一番大事业的时候，却发现手中的资源少得可怜，对我们有利的条件更是几乎没有，很难做大、做强。

如果以上这些问题你都碰到过，那么毫无疑问，你已经遇到了发展的瓶颈，是亟须突破的时候了。

这种时候我们该怎么办呢？我们该如何用极其有限的时间、空间把事情办得最快、最好呢？

答案就是——换个思路。

古希腊时，有一个国王颁布了一项奇特的命令，对于即将被处死的犯人，要求每人说一句话。如果是真话，将被绞死；如果是假话，将被砍头。

有一次，4 个犯人要被处死，国王将众大臣召集在一起，要大臣们看看他这个国王是如何智审犯人的。

第一个犯人被押上来，他恭恭敬敬地说："我热爱国王。"他以为说了这句话，国王也许一高兴就免了他的死刑，没想到国王说："胡说八道，你热爱我就不该犯罪了。假话，拉下去砍头。"

第二个犯人被押上来后，诚惶诚恐地说道："我有罪，我该死。""说得对，"国王裁决道，"你说的是真话，处以绞刑。"

第三个犯人被押上来，他心想：如果你判断不出我的话是真是假，不就没法处置我了吗？于是他说道："太阳离我们有 70 万千米零 9 米远。"国王一时还真不知如何裁决，但是他马上就生气地说："这话不能马上验明是真是假，算是假话，拉下去砍头。"

第四个犯人被押了上来，他从容地站在国王面前。

"现在轮到你了，"国王说道，"说一句话，选择你怎么死吧。"

"我将被砍头。"对方说。

这下子，国王真的被难住了。国王在心中思量："如果他说的'我将被砍头'是真话，那么我就应该判他绞死；既然他被处以绞刑，那'我将被砍头'就成了假话；既然'我将被砍头'是假话，那么他应被砍头，可他被砍头又证明他说的是真话；既然他说的是真话……"

也就是说，国王既不能砍他的头，也不能对他处以绞刑，无奈，国王只好放了这个聪明的犯人。

这个犯人从死亡线上捡回了一条命，凭借的就是抓住了问题的漏洞，钻了问题的空子，去除了"非此即彼"的虚假认定，是正确的思路使他幸免于难。

在现实生活中，一个人的思路往往决定了他的出路，决定了他会向哪个方向走，会走多远。如果缺乏好的思路，即使他再聪明、再有抱负，也只能和成功失之交臂。只有那些能够充分利用自己的智慧，懂得思考问题的人才能获得成功。

“举”世“明”言

思路决定出路，拥有了好的思路，就能够在迷雾中看清出路，在重重困难中“杀”出一条“血路”。

换个角度，就有别样的世界

换个角度思考，换个心情生活，路的旁边，还是路。

当我们遇到障碍，经过努力仍然没有进展的时候，就要想想是不是可以从其他角度来解决这一问题。换个角度去思考问题，往往能将你带到一个柳暗花明的新境界。

生活不是一个一帆风顺的过程，在面对种种难题时，不能只是盲目地执着，也不能只从问题的直观角度去思考，要不断挖掘自己的潜力，从不同的角度寻找解决问题的办法，这样往往就会使问题出现新的转机。下面的这个故事就阐释了这个道理。

安易末是一家大公司的高级主管，他面临一个两难的境地。一方面，他非常喜欢自己的工作，也很喜欢工作带来的丰厚薪水——他的位置使他的薪水只增不减。但是，另一方面，他非常讨厌他的上司，经过多年的忍受，他发觉自己已经到了忍无可忍的地步。在经过慎重思考之后，他决定去猎头公司重新谋求一个其他公司高级主管的职位。猎头公司告诉他，以他的条件，再找一个类似的职位并不费劲。

回到家中之后，他把这一切告诉了他的妻子。他的妻子是一位教师，那天刚刚教学生如何重新界定问题，把正在面对的问题完全颠倒过来看——不仅要跟你以往看这问题的角度不同，也要和其他人看这问题的角度不同。她把上课的内容讲给了丈夫听，安易末听了妻子的话后，一个大胆的主意在他脑中形成了。

第二天，他又来到猎头公司，这次他是请猎头公司替他的上司找工作。不久，安易末的上司接到了猎头公司打来的电话，请他去别的公司高就。尽管他完全不知道这是他的下属和猎头公司共同努力的结果，但正好这位上司对于自己现在的工作也厌倦了，所以没有考虑多久，他就接受了这份新工作。这件事最奇妙的地方，就在于上司接受了新的工作，结果他目前的位子就空出来了。安易末申请了这个位子，于是他就坐上了他的前上司的位子。

在这个故事中，安易末本意是想替自己找份新工作，以躲开令自己讨厌的上司。但他的妻子让他懂得了如何从不同的角度考虑问题，结果，他不仅仍然干着自己喜欢的工作，而且摆脱了令自己无法忍受的上司，还得到了意外的升迁。

类似的故事还有一则：

人们听说有位大师花费几十年来练就了移山大法，于是有人找到这位大师，央求他当众表演一下。大师在一座山的对面坐了一会儿，就起身跑到山的另一面，然后说表演完了。众人大惑不解。大师微微一笑，说道："事实上，这世上根本就没有什么移山大法，唯一能够移动山的方法就是：山不过来，我就过去。"

有时候，人只要稍微改变一下思路，人生的前景、工作的效率就会大为改观。作为有理想、有抱负的现代人，我们应努力培养自己突破创新的能力。这就需要我们在平常的工作、生活中，不断收集各种信息，对于身边发生的一切事情，都必须从不同的角度去思考，并努力发掘一切机会，这样才有可能在自己的工作和事业上开创出一片新的局面。从另一个角度思考问题，往往还可以得到意想不到的结果。

有一天动物园管理员们发现斑马从笼子里跑出来了，于是开会讨论，一致认为是笼子的高度过低。所以它们决定将笼子的高度由原来的 10 米加高到 20 米。结果第二天他们发现斑马还是跑到外面来，所以他们又决定再将高度加高到 30 米。

没想到隔天居然又看到斑马全跑到外面，于是管理员们大为紧张，决定一不做二不休，将笼子的高度加高到 100 米。一天长颈鹿和几只斑马在闲聊。“你们看，这些人会不会再继续加高你们的笼子？”长颈鹿问。“很难说。”斑马说，“如果他们再继续忘记关门的话！”

其实很多人都是这样，只知道有问题，却不能抓住问题的核心和根基。从另一个角度思考问题，说不定探寻很久的事情就会迎刃而解。

当某条路走不通时，不要再一味地“坚持”，而要变换思路，换个角度去思考。这个世界上，没有什么东西是永远静止不前的，我们的思维要学会创新，才能跟上时代的步伐。

“举”世“明”言

一片落叶，你也许会看到“零落成泥碾作尘”的悲惨命运，但是只要换个角度想，你便会发现它“化作春泥更护花”的高尚节操。换个角度看问题，能使我们的心情大变，能使我们的生活过得更多姿多彩。

"李"氏讲堂

改善思维的6种方法

英国剑桥大学心理学家、医科研究教授爱德华·迪·波诺提出了改进思维能力的简易方法。目前，他的这套思维体系已经被教育部门作为必修课纳入教学计划中去。下面就是他总结的改善基本思维能力的6种方法。

1. 剔除成见法

这是优化思维中很关键的第一步。它告诉我们，不要戴着有色眼镜去观察事物。

当一个新事物进入人们的视野，人们一般会出现两种反应：喜欢或者讨厌。之后，对该事物或问题加以自己感性的认识。这样做的后果往往会使人陷入某种困境而无法摆脱。为了避免这样的情况发生，一个非常有效的方法就是消除你的成见。迪·波诺在解释这个问题时曾举了这样一个例子：

假设我们大家现在都在讨论公共汽车的设计问题，有人建议把车厢里的座位全部去掉。此刻你会有何感想？为什么有这些感想？

想象一下这样设计有哪些优缺点，权且当作到会人员所发表的不同见解。用3分钟的时间把这些优缺点写下来。

写完之后，也许你会对你所写出的大吃一惊，这种设计的优点竟能与缺点数量相当，诸如造价低廉、容易修理等；而且，使乘客舒适这样一条非常重要的条件也许还会被你忽视。

这种剔除成见法的目的，是要使你能够客观地认识世界，不要受头脑中的定式所左右。

2. 面面俱到法

这种思考方法告诉我们，要确切地看清楚你所考虑的任何细节，不要有所遗漏，也不要有所忽视。任何细节的遗漏和忽视，都会影响你做决定的质量。

如果你要买一套新房子，就要将与房子有关的问题都尽可能地考虑周全。当然，那些很明显的问题会首先引起你的注意。比如，房间的大小、房价的高低、房子的装修等。而那些看起来并不明显的问题也不能忽略。比如，电视机的接收效果、邻居的生活习惯、寒冷季节煤气管道是否会由于寒冷而影响使用等。

3. 先见之明法

恰当地运用前两种方法把各种问题和可能的因素揭示出来以后，如能具有先见之明，可使你得到最佳选择。

我们对自己将来的预见，从时间上划分，大体分为4个阶段，即眼前、短期（1~5年）、中期（5~20年）和长期（20年以上）。

把这种思维方式应用到日常生活中去，还可以使你在处理问题的时候有一个正确的抉择。

多年前，年近中年的杰克时常和一位年轻姑娘来往，当时他说是并无他意，只不过逢场作戏罢了。朋友们曾告诫他，这样下去他可能爱上那个姑娘——可能会导致夫妻痛苦的离异——可能会导致包括子女在内的众叛亲离——可能20年后，新妻会不甘心与老朽为伴，还要出现再度的离异……但是遗憾的是，他当时没有能够接受朋友们的忠告。但他们当时给他描绘的那些可怕的情景，后来都一一地变成了不幸的现实。

4. 明确目的法

这种思维方法要求我们，在做事的时候一定要把所做事情的目的铭记在心。

如果行为的目的明确得法，可以使我们把注意力集中到如何解决问题上。这样会很快找到解决问题的方法。

有一个老奶奶在打毛衣的时候，她的小孙子因为刚刚学走路，在她身边走来走去，将她的毛线弄得一团，她无法再工作下去。于是，这个老奶奶就把她的小孙子放到栅栏里面去了。然而，这个孩子在栅栏里号啕大哭，她仍难以工作。这时她想到：我的目的是把我和这个孩子分开，而不是把孩子圈起来。既然如此，我何不自己进入这个栅栏里去，而把孩子放在栅栏外面呢？

于是她就这样做了，问题也得到了解决。

5. 主次分明法

这种思维方法的好处是可以帮助我们在事物的诸多因素中，选择出最重要的几个因素和最可能发生的情况。

例如，某人想向你借一点钱，你这时就一定要考虑一下他想借钱的所有因素，然后要选择几个最重要的因素，可能最重要的因素是“他什么时候能还钱”，其次可能是“这个人是否可信”，而如果是你的孩子向你借钱的话，可能你考虑的最重要的因素就是“他要钱干什么”。

在现实生活中不难发现，我们许多人在考虑问题的时候，往往分不清主次，只凭一般的感觉。殊不知，一般的感觉不能代替经深思熟虑而做出的决定。

6. 思想解放法

很多时候我们都有这样的困惑，我们解决某个问题的时候感觉已经绞尽脑汁了，但仍找不出解决的方法。这种思维方法的好处是可以告诉你如何开拓你的思路，使你进入一个柳暗花明的境界。

发明大王爱迪生在发明电灯泡的时候，仅做灯丝这样一项内容，就试用了不下数千种材料，包括砍木、钓鱼线、沥青和碳化纸片等，经过种种尝试最后才找到了金属钨。

在日常生活中，要学会“狂想”。要想到所有可能的情况，即使被认为不着边际，乃至荒诞不经，也不妨试一试。最优的抉择产生于各种可能因素的展示之后。

第四章

经营心情——调控情绪引爆心灵能量

人生在世，喜怒哀乐皆情绪。情绪无时不有，无处不在。情绪的好坏直接影响着我们的生活质量。那些令我们筋疲力尽的东西通常不是某件事情本身，而是事前事后患得患失、大起大落的致命情绪。任何人都不可能永远事事如意、一帆风顺，情绪有跌宕起伏再正常不过。问题是：怎样控制好我们的情绪？怎样营造好情绪，转化坏情绪？毕竟，我们需要做情绪的主人，而不是情绪的奴隶。

大道理都懂，小情绪却难自控

1%的坏心情，就有可能导致100%的失败。

在现实生活中，我们经常看到有人因情绪失控而乱发脾气，也常常看到有人因为乱发脾气而将事情弄得一团糟，究其原因，并非这个人的工作能力不够，也不是这个人没有与人沟通的能力，而是因为这个人放任1%的坏心情，才导致最后100%的失败。

或许你认为这样的说法太过于夸张而无法相信。事实上，一个人的心情和一个人手头所办的事情的确存在着千丝万缕的联系。情绪好，手头的事情也相对解决得好，或者说是完成的质量较高；与之相反，心绪不定，总是左顾右盼，胡思乱想，很难把心思放在工作上，这样的心态又如何能把事情做好呢？

美国石油大王洛克菲勒就是一个有能力正确对待自己坏心情的阳光人士，而他的对手刚好是因为无法控制这1%的坏心情，最终导致全盘皆输。

洛克菲勒在接受一个案件的受审过程中，就一直保持着冷静的状态，在面对对方律师粗暴的询问时，一直都保持着一种很平和甚至不动声色的态度。也正是这样不动声色的态度让他一举挫败了对手的阴谋，赢得了这场艰难官司的最后胜利。

在法庭询问上，对手律师的态度明显怀有恶意，甚至有羞辱之意，可以想象，当时洛克菲勒的心情有多么糟糕，如果这个时候他也发怒，必将掉入对方设计的陷阱之中，不过洛克菲勒很聪明，他明白这个时候控制自己的情绪有多么重要，自己一定不能和对方的律师一样鲁莽，更不能让自己这种气愤的心情有所流露。

“洛克菲勒先生，我要你把某日我写给你的那封信拿出来。”对方律师很粗暴地对他说。洛克菲勒知道，这封信里面有很多关于美孚石油公司的内幕，而这个律师根本就没有资格来问这件事情，不过洛克菲勒先生并没有进行任何的反驳，只是静静地坐在自己的座位上，没有任何表示。

“洛克菲勒先生，这封信是你接收的吗?”法官开始发问。

“我想是的，法官先生。”

“那么你对那封信回复了吗?”

“我想没有。”

这时法官又拿出许多其他的信件来，当场宣读：

“洛克菲勒先生，你能确定这些信都是你接收的吗?”

“我想是的，法官。”

“那你说你有没有回复那些信件呢?”

“我想我没有，法官。”

“你为何不回复那些信，你认识我，不是吗?”对方律师开始插嘴。

“是的，当然，我想我从前是认识你的。”

至此，看到洛克菲勒丝毫不动怒，像什么事都没发生过一样。对方律师心情已经坏到极点，甚至有点开始暴跳如雷了，而洛克菲勒还是坐在那里丝毫不动，似乎眼前的事情根本就没有发生过，全庭寂静无声，除了对方律师的咆哮声。

最后对方律师因为情绪失控，在法庭上把真相说漏了嘴，最终结果可想而知，洛克菲勒不仅打赢了官司，还在美国人眼中留下了一个很优雅的形象。

这位律师因为自己的暴怒情绪，而将自己弄得方寸大乱，很多言行都被情绪控制，而不是头脑控制，这时的他就像一个掉了线的木偶，情绪受对手也就是洛克菲勒影响着，坏心情一点点扩大，最后输了这场官司。

生活中有太多这样的例子，由于自己不懂得控制坏情绪，最后酿成难以挽回的错误。由此可见，情绪的力量可见一斑。

当然一个人也不能像一根木头一样，没有情绪，没有思想，不可能永远都不发怒，不可能永远都能心情很好地走进每天的生活。可是当你真正发怒的时候，会发生什么样的后果？这样到底会不会损害你的利益，会不会动摇你在别人心目中的地位？如果你能真正意识到这一点，真正明白发怒只能把事情搞砸，而绝对不能把事情完美解决的话，你肯定就会好好地约束自己的情感，好好地控制自己的情绪，这样也就能和石油大王洛克菲勒一样，轻而易举地打败对方。

“举”世“明”言

人无完人，事情也不会十全十美，以不同的心态看问题，常常会得出不同的结果。积极地看问题，可以产生乐观的情绪；消极地看问题，就会产生悲观的情绪。所以，成功者善于控制自己的情绪，失败者往往被自己的情绪所控制。

能控制情绪，就能调控一切

要用行动控制情绪，不要让情绪控制行动。

人生充满了机遇和挑战，充满了诱惑与困境，在这样百味俱全的社会中要想把握自己，掌握好自身的走向，就必须善于把握自身的情绪。只有把握住了情绪，才能把握住自身的思想，因为情绪的差异会给思想带来不同的影响，会在很大程度上影响思想的判断力和思考力。因此，善于管理自己的情绪，有效地驾驭自己的情绪使之朝积极健康的方向发展，才能有效地把握好自己的思想，奠定自己成功的基础、储备自己成功的资本。

楚汉之争时，项羽将刘邦的父亲五花大绑陈于阵前，扬言要将刘公剁成肉泥，煮成肉羹而食。项羽意在以亲情刺激刘邦，让刘邦在父情、天伦的压力下，自缚投降。刘邦很有智慧，没有为情所蒙蔽，他的大感情战胜了骨肉亲情，他的理智战胜了一时的心绪。他反以项羽曾和自己结为兄弟之由，认定己父就是项父，如果项某愿杀其父，剁成肉羹，他愿分享一杯。刘邦的理性与淡定，完全出乎项羽所料，以致无策回应，只能草草收回此招。

《三国演义》中，诸葛亮和司马懿祁山交战。诸葛亮千里劳师欲速战一决雌雄，司马懿以逸待劳，坚壁不出，欲空耗诸葛亮士气，然后伺机求胜。诸葛亮面对司马懿的闭门不战，无计可施，最后想出一招，送一套女装给司马懿，羞辱他如果不战小女子是也。古人很以男子气概自尊，尤其是军旅之中。如果在常人，定会接受不了此种羞辱，但司马懿另当别论。他落落大方地接受了女儿装，不但情绪没有受到影响，反而从中看穿了诸葛亮的用意，当众试穿女衣。

这些都是战胜了自己不良情绪的例子。此外，还有被情绪奴役，成为情绪俘虏的例子。

诸葛亮七擒七纵孟获中，孟获便是一个深为情绪役使的人，他之所以不能胜于诸葛亮，非命也，实人力和心智不及也。诸葛亮大军压境，孟获弹丸之地的小王，不思智谋应对，反以帝王自居，小视外敌，结果一战即败，完全不是对手。孟获一战既败，应该坐下慎思，再出制敌之招，他却自认一时晦气，以为再战必胜。再战，可又是一败涂地。如此几番，把孟获气得浑身激颤。又一次对阵，只见诸葛亮远远地坐着，摇着羽毛扇，身边并无军士战将，只有些文臣谋士之类。孟获不及深想，便纵马飞身上前，欲直取诸葛亮首级。可他完全被自己的不良情绪所掌控，已经来不及考虑是否有诈的问题。其实他身前有个陷马坑，孟获眼看将及诸葛亮时，却连人带马坠入陷阱之中，结果又被诸葛亮生擒。孟获败给诸葛亮，除了有其他的客观原因外，生性爽直、缺乏脑筋、为情绪蒙蔽，也是一个非常重要的因素。

不良的情绪误人误事，不胜枚举。一些心性敏感、头脑简单的人以及年轻的人就易受情绪的支配，头脑发热干出傻事来。

总之，有效的情绪管理是一件极为重要的事情。能够有效地管理好自己的情绪是自身成败荣辱的关键。

那么，我们该如何控制自己的情绪呢？

首先，避免急躁情绪，培养自己的忍性。

工作中遇到矛盾摩擦，不应该只考虑自己受到的委屈，而应该找一个合理的解决办法。不分场合地闹情绪只会耽误事情，并且弄得自己很疲惫。所以，不妨冷静下来，考虑一下事情的轻重缓急。最好不要把事件的不良影响扩大化，先做冷处理。相信事后属于你的权利会回到你身边，而你的印象分也会大大增加。

其次，不要把生活中的不愉快带到工作中。

有的人分不清工作和生活的界限，容易把生活中的小矛盾、小摩擦带到工作中来，或者容易把上一个项目的负面情绪带到下一个项目中。这都是没有好好控制自己情绪的表现。情绪需要合理宣泄，就事论事，不能混为一谈。针对客户的投诉，除了冷静处理之外，还要合理地安抚一下自己的情绪，不要把不愉快带到接下来的项目中，否则会影响到下一个项目的进程。当你感到自己情绪消沉或者沮丧的时候，可以用转移注意力的方法改变它，比如出去散散步、听听音乐、做做运动等；也可以向知心的朋友哭诉一下；还可以写日记，或打个心理咨询热线，让自己的负面情绪宣泄出来。

最后，锻炼自己应对突发事件的能力。

工作中的负面情绪一般都是发生在出现问题之时。所以，要适当锻炼自己应对突发事件的能力，做到冷静处理，从容应对。

“举”世“明”言

如果你是一个追求事业进步的人，如果你想拥有一番成就，那么，从现在开始，不要随便闹情绪。需要注意的是，管理好自己的情绪，才有可能管理好自己的人生。

负面情绪需要恰当“表达”

与其颓废堕落躲避烦恼，不如抛开烦恼大胆喧嚣。

心理学研究表明，情绪需要的是疏导而不是压抑，要勇敢地表达自己的情绪，而非拼命地压制。当你大胆地表达出你的真实情感时，目标将有可能实现，反之将事与愿违。

玛丽是一个很美丽的女子，迈克尔是她的初恋，因为爱，她一直都在迁就他。从大学恋爱到结婚，一直如此。而他，则有着别人不能反抗、永远是他对你错的嚣张气焰。他不喜欢她工作，她就得放弃工作在家带孩子。他不喜欢她的朋友，她就乖乖地一个朋友都不见，渐渐失去了所有的朋友。每当他心情不好时，她都对他百般迁就与迎合，希望老公在自己的关爱与包容下，情绪会有所改善。可是，日子一天天过去，他的脾气非但没有改善，反而愈演愈烈。在她稍稍不听话的时候，得到的就是一顿狂风暴雨式的武力伺候。

她纵然有一千个想法，也从来不敢表达。她努力地迎合公公婆婆，得到的却永远是白眼多于黑眼的冷漠。她不敢对丈夫说让公公婆婆搬走另住，只好继续默默承受着除了丈夫之外的公公婆婆的冷暴力。

她从此很少说话，保持着令人崩溃的沉默，把一切放在心里。但却不曾料到，在这样的环境中，小时候非常活泼可爱的女儿居然也学会了迎合她的情绪。看到玛丽哭的时候，她会安慰妈妈，唱歌给妈妈听，说老师夸奖她之类的话，其实玛丽知道老师并没有表扬她。孩子在学校非常的自闭，没有朋友，常常一个人呆呆地不说话。这让玛丽非常揪心。

9 年的婚姻，9 年的迎合，她从一个活泼快乐的公主变成了一个深度抑郁的女人，还影响到了孩子的成长。虽然跟双方的性格有关，但更是她一味迎合、纵容的结果。

玛丽一味将自己的情绪压抑下来，其实对她的婚姻一点好处都没有。我们常说不敢表达自己真实想法的人是怯弱的，一个人如果连自己的所思所想都不敢让别人知道，别人又怎敢相信他。所以，不要压抑自己的真实想法与情绪，当自己想表达某种情绪时，就要勇敢地表达出来。

但是，很多人都认为情绪表达是有失风度的一种不稳重的行为，他们希望自己很成熟，什么事情都能藏在心里。这是一种不负责任的做法。不管是谁，都应该学会表达自己的情绪。这是因为：

第一，情绪没有表达出来，你无法对周围的人传递内心信息。信息被困在心中，就像戴着面具一样，而情绪最终是要表达出来的，否则最后你可能会失去控制。

第二，情绪没有表达，就剥夺了自己获得所希望的结果和行为的机会。比如，你感到喜欢某人时，如果不表达出来，可能就会失去相互欣赏的机会。

第三，情绪的积累会产生身体上的压力，最后会以疾病的方式表现出来。

第四，不表达自己的情绪，别人就无法了解你。情绪是个性的一部分，你关闭了情绪表达的大门，同时也就关闭了与朋友、家人、同事心灵接近的机会。

所以，我们有充分的理由表达自己的情绪，我们更有义务鼓励他人表达自己的情绪。

表达情绪不仅对于个人很重要，而且在一个企业中，也能达到很好的效果。哈佛大学心理学系的梅约教授曾经组织过一个“谈话试验”。这个试验的具体做法就是：专家们找工人进行个别谈话，并且要求在谈话过程中，专家要耐心倾听并记录工人们对厂方的各种意见和不满。另外，对于工人的不满意见，专家不准反驳和训斥。这一实验研究需要经过两年的时间。在这段时间里，据有关资料统计，专家们谈话的工人总数可能达到两万多人。

结果他们发现：这两年以来，工厂的产量大幅度提高了。经过研究，他们总结出了原因：在这家工厂，长期以来工人对它的各个方面有诸多不满，但无处发泄。“谈话试验”使他们的这些不满都发泄出来了，从而感到心情舒畅，工作积极性提高。

表达情绪没有正确和错误之分，问题的关键在于如何选择表达的具体方式。我们要知道，不管情绪多么强烈，伤害他人或自己的过激行为都是不合适的。一个有消极情绪的人要寻找适合自己的情绪疏通方式，比如倾诉、弹琴等。很多父母让孩子用“写日记”的方式来整理情绪，事实证明这是一种很好的表达情绪的方式。

“举”世“明”言

学会情绪的表达，对于我们的心理健康维护是非常重要的。我们应该给自己的情绪多一些关注，学会正确调控自己的情绪。

情绪转换，赶走“负能量”

调整情绪赶走负能量，让自己主宰生活。

这世上不顺心的事情太多了，我们只有拥有自主驾驭心情的能力，操纵好自己情绪的“转换器”，才能让快乐常伴自己左右。当我们身处逆境时，如果在不幸面前，我们总在消极地悲叹、抱怨，必定会与上天提供的背后的机遇擦肩而过。所以无论怎样，哪怕身陷绝境，也永远不要被坏情绪束缚。

第二次世界大战期间，莫妮卡收到了一份电报，她最爱的侄儿在战场上牺牲了。自从知道这个事实后，莫妮卡整日都生活在低落的情绪中，她完全没有心思做任何事情。不久后，她决定放弃工作，远离家乡，把自己永远藏在孤独悲痛中。

准备辞职前，莫妮卡清理她的东西，忽然发现了一封早年的信，那是她的侄儿在她母亲去世时写给莫妮卡的。信上这样写道：我知道你会撑过去。我永远不会忘记你曾教导我的——不论在哪里，都要勇敢地面对生活。我永远记着你的微笑，像男子汉那样，能够承受一切的微笑。

莫妮卡哭了，她一遍又一遍地读着这封信，似乎侄儿就在她身边，用一双炽热的眼睛望着她——你为什么不照你教导我的去做呢？

一番沉思后，莫妮卡决定不再辞职，而是将悲伤的记忆永远封存在心底，将之前低落的情绪清理干净。她一再对自己说："我不应该活在悲伤的情绪中，我要继续生活，因为事情已经是这样了，我没有能力改变它，但我有能力继续好好生活下去。"

不管生活是以怎样的面目出现，我们都应该怀有一颗知足的心。保持一种乐观的心态，即便遇到再大的不幸，你依然能享受美好的生活。因为一旦用乐观快乐的心态去看待生活，你就会对生活的一切心存感激。要是烟头在你衣袋里燃烧起来，你要感谢上帝：好在你的衣袋不是火药库；要是一根针扎伤了你的指头，你也应该高兴：幸好扎伤的不是眼睛；要是你丢了钱，你应该庆幸：幸好不是丢了人。

无论是在工作中还是在生活中，每个人都会遇到不顺利的事情，都会有心情郁闷的时候，如果任意让这种心情发展下去，将自己囚禁其中，不仅于事无补，还会衍生出新的烦恼。

可见，我们只有浪漫地解释生活，才会因为生活没有把你逼得走投无路而感谢它的宽容。正如无门禅师所说："春有百花秋有月，夏有凉风冬有雪。若无闲事挂心头，便是人间好时节。"有时不是我们遇到的事情太糟，而是我们太过一根筋，不懂得转变思路，控制情绪的方向。

成功学专家陈安之老师在某对话节目中，有一位同学问他："陈老师，为什么天气会影响我的心情?"陈安之说："其实不是天气的原因，而是你自己心里的因素在作怪。让我给你们讲一个真实的故事吧：我以前在美国演讲，有一位同事当天回到他住的地方，他说太棒了！我问他发生了什么事，他说今天出车祸了。我说出车祸你高兴什么，他说幸亏只撞到车，没有撞到人。我说那要撞到人怎么办，他说幸好只撞到人，没有撞死人。我说如果撞死人怎么办，他说幸好只撞死一个，没有整车都死。要知道，在这个世界上再糟糕的事情也有其好的一面。"

当我们习惯于以自己以往的价值取向和思维方式处理问题时，这些就会不可避免地成为阻碍我们解决问题的阻力。所以明智的人不会去抱怨生活怎样对待自己，而是去思考自己这样对待生活的方式究竟对不对。

就像悲观失望者会把挫折当成绊脚石，而乐观上进的人会把挫折当成垫脚石一样，思考方式的不同，导致了最终结果的不同。当你认为坏情绪是上天在折磨自己的时候，为什么不换个角度来思考一下呢？或许是上天在考验我们的心智，让我们逐渐学会控制情绪、控制自我呢！

当我们不能事事顺心的时候，要学着用快乐调节生活。如果我们想快乐地活着，想享受和体验未来生活的美好，就别受到坏情绪的指使。

“举”世“明”言

让情绪转向，换个角度思考问题，多点自我安慰，这样我们才能把自己从情绪的囚狱中释放出来，才可以看到另一番美丽的风景。

用心感知，画出“心情谱”

画出自己的“心情谱”，你才能了解自己的心情背景。

通常，人们什么时候会有什么样的“心情”，只有自己知道。因为，心情是一个看不见、摸不着的东西，它是个人的直接感觉，旁人只能从他的脸色、行为等来察觉。那么，如何具体地了解自己的心情，以便管理它呢？“心情谱”就是一种好方法，它能直观、具体地体现心情，从而便于个人掌握自己的情绪。

“心情谱”是借助物理的光谱、波谱及色谱的概念来完成的。画“心情谱”只需要一支笔、一张白纸即可。

简妮很喜欢学函数，她觉得那些数点围绕着坐标轴上上下下地起伏非常有意思，于是她自创了一种记日记的方式——绘制函数图。

每天，当忙完了一天的事务之后，她就拿出自己的日记本整理心情，然后根据心情的变化绘制出函数图，其中她还会标出每个数点，然后在旁边标示出发生的事情。当心情好的时候，她的函数曲线就是一直上升的，而当心情出现起伏的时候，从函数的曲线上她一眼就可以看出究竟是什么事情影响了她的心情。当心情特别差的时候她的函数曲线就是一直下降的。比如当她工作晋升、事业顺利的时候，函数曲线就会上升得特别快；因为工作出了些问题、生活出现意外的时候，函数曲线就会出现起伏；当亲人离世的时候，她的函数曲线就会一下子降到图纸的最底端。简妮就是用曲线来表述自己心情的。

每当简妮空闲的时候，她就拿出自己的函数心情图，发生的事情和当时的心情都一目了然，尤其是波峰和波谷。虽然都是极平常的琐事，但是简妮每每查看的时候，内心都非常充实，她还说，当她现在再回头看过去发生的事情时，发现过去她认为痛苦不堪的永远过不去的坎其实也没有那么可怕，她惊讶于自己的成长，觉得应该坦然地面对人生，多做一些有意义的、让自己开心的事情。简妮绘制的心情函数图，就是一个心情的“谱”。

我们还可以借助“心情谱”了解一个人的心情背景，当心情谱多数偏右的时候，则心情指数通常在5以上，说明你的心情背景比较积极开朗，你的精神状态比较健康；如果心情谱多数偏左，则心情指数多在5以下，说明你的心情背景较为消极阴郁，你的精神状态就相对较差。

情绪影响人生，“心情谱”对于一个人了解自己的情绪、规划自己的人生非常有用。

其实，对于我们每个人而言，每一天都是新的，每一天的心情也都是新的，好的心情会让我们感受到生命中更多的色彩。就如亚里士多德所说：“生命的本质在于追求快乐，而使得生命快乐的途径有两条：第一，享受使你快乐的时光；第二，抛弃使你不快乐的时光。快乐的人不是没有忧郁和悲伤的时候，只是他们心中的阳光驱散了忧郁和悲伤的阴影。”

当你情绪不稳定的时候，不妨试着给自己的生活画一张这样的“心情谱”，了解自己的情绪，并调控好它。

首先，用铅笔在白纸上画一条直线，像我们小时候画过的“数轴”。

其次，从左到右在直线上平均画出10个刻度，写上数字1～10。

再次，把你认为的坏心情用熟悉的词汇描述一下，如痛苦、忧伤、悲哀、愤懑、沮丧、烦躁，或者郁闷；再用同样的方法表达心情一般的时候，如麻木、索然寡味、平淡，或者宁静。

最后，让我们满怀憧憬，想象一下你所期待的好心情：欣慰、满足、愉悦、感恩、激动、兴奋，乃至幸福。

请从这些词汇或者你认为更合适的词汇中挑选10个，以你的理解，按照不同程度的心情由低向高排列，并标注在相应的数字刻度下。

比如，1痛苦、2沮丧、3郁闷、4索然、5平淡、6宁静、7欣慰、8愉悦、9兴奋、10幸福。

评价一下你现在的心情，请在“心情谱”上选择与你心情相对应的词汇。由于每个人的感受不同，所以即使遇到同样的事，心情反应的程度也是不同的。比如，同样是新婚或是金榜题名，有的人可能感觉非常幸福，有的人仅感到愉悦而已。

“举”世“明”言

生活中，我们不可避免地会遇到烦恼和不顺心的事，关键在于，遇到这些事后我们选择如何对待。将情绪埋在心里，长久压抑不是一种可行的方法，要学会用笔头倾诉。动笔将你在情绪上遇到的问题写下来，情绪在不知不觉中即可得到排解，还有助于理清思路。

不要为烦琐小事而伤神

生命太短，一分钟都不能留给那些让你不快的人或事。

忧虑是一种过度忧愁和伤感的情绪体验，人们有时都会有忧虑的心理。但如果总是毫无原因地忧虑，或虽有原因，却不能自控地显得心事重重、愁眉苦脸，那就属于心理性忧虑了。

忧虑使人在情绪上表现出强烈而持久的悲伤，让人觉得心情压抑和苦闷，并常常伴随着焦虑、烦躁及易激怒等反应。忧虑使人在认识上表现出负面的自我评价，让人感到自己没有价值，生活没有意义，对未来充满悲观；还会让人对各种事物缺乏兴趣，依赖性增强，活动水平下降，变得不愿与他人交往；忧虑过重的人常伴有自卑感，严重者还会产生自杀的念头。

忧虑的核心表现就是郁郁寡欢，忧虑的人常常会无缘无故、莫名其妙地焦虑不安、苦闷伤感。如果再遇上环境刺激时，就犹如“火上浇油”，他们会进一步加重忧愁和烦恼。一般来讲，性格内向、心胸狭隘、任性固执、多愁善感、孤僻离群的人多带有忧虑倾向。

一个人之所以会忧虑，产生的原因是多方面的，但主要原因来自自我。正像英国作家萨克雷所说的：“生活就是一面镜子，你笑，它也笑；你哭，它也哭。”这与一个人的社会经验的多寡是有关的。忧虑的人对社会、对他人的期望值过高，对实现美好愿望的艰巨性、复杂性估计不足，于是当其愿望与现实之间出现巨大落差时，即产生失落感，进而失望、失意或忧虑。

忧虑的产生还与一个人的生存能力有关。有些人缺乏对复杂社会的适应能力，心理承受能力很低，承受挫折的耐受力很差，个性又特别脆弱，因此容易陷入忧虑甚至走极端。忧虑这种心理疾病对我们的心理是极大的负担，甚至会影响我们的身体健康。有位著名的医生曾这么说过：“在医生接触的病人中，有70%的人只要能够消除他们的恐惧和忧虑，病自然就会好起来。

“不要误以为他们都是装病，他们的病就像你有一颗蛀牙一样实在，有时候比你想象的还严重100倍。这种病就像神经性的消化不良，某些胃溃疡、心脏病、失眠症、头痛症和麻痹症等，这些病都是真病，我这些话也不是乱说的，因为我自己就得过17年的胃溃疡。恐惧使你忧虑，忧虑使你紧张，并影响到你胃部的神经，使胃里的胃液由正常变为不正常，因此就容易产生胃溃疡。

“精神失常的原因何在？没有人知道全部的答案。可是在大多数情况下，极可能是由恐惧和忧虑造成的。焦虑和烦躁不安的人，多半不能适应现实的世界，而跟周围的环境断了所有的联系，缩到他自己的梦想世界，借此解决他所有的忧虑问题。”

有科学家对人的忧虑进行了科学的量化、统计、分析，结果发现，几乎百分之百的忧虑是毫无必要的。统计发现，40%的忧虑是关于未来的事情，30%的忧虑是关于过去的事情，22%的忧虑来自微不足道的小事，4%的忧虑来自我们改变不了的事实，剩下4%的忧虑来自那些我们正在做着的事情。

佛斯狄克博士讲了一个有关森林巨人成功和失败的故事：

“科罗拉多州长山的山坡上有一棵大树的残骸，根据自然学家的说法，这棵大树已经有400多年的历史了。在它发芽的时候，哥伦布才刚发现美洲。它长到现在一半大的时候，第一批移民刚刚到美国。在此后漫长的400年中，雷电14次击中它，狂风暴雨无数次侵袭它，但它都能矗立在天地间，维持它傲视天地的尊严。可是最后，它却被一小队甲虫攻倒在地。那些小甲虫们并没有风雨雷电那样的威力，只是从大树的根部咬起，小小的甲虫持续不断的攻击，使它渐渐丧失了自己的元气。岁月不曾改变它的斗志，闪电不曾击倒它的身躯，暴雨狂风不曾扭断它的脖子。可是最后，它竟然被两个手指都可捏死的小甲虫给打倒了！”

我们就像这棵身经百战的森林大树，可以撑过无数的狂风暴雨和雷电打击，可我们的心灵却很容易被那些微不足道的“小甲虫”噬咬。

“举”世“明”言

人生在世，只不过短短几十年，何必为那些转眼间即被人忘却、即被岁月冲刷的小事黯然神伤呢？时光不能倒流，不如将宝贵的生命投入到那些不朽的事业和伟大的思想情感中去。生命太短，不值得为小事而牵肠挂肚。

一键清空情感“垃圾”

不要被情感垃圾所困扰，应该适当地丢掉一些感情的垃圾，为自己的心灵松绑。

在人们的长久相处中，一些情感垃圾会不断滋生。一些人选择了压制，他们试图阻止情感垃圾的蔓延，不愿承认烦恼的存在，结果导致负荷前行，最终情绪崩溃；还有一些人选择了坦然面对，将变化了的思想、情感释放出来、转移出去，慢慢移除了情感中的病菌，从而轻装上阵。

其实，存在情感垃圾是一种生活常态，但不应该成为心灵的常态。若一个人被情感垃圾所束缚，他便只能从压抑中体会烦恼与纷扰，也很难体验到游刃有余、自由洒脱的心境。所以，为了避免被情感垃圾所困扰，我们就应该适当地丢掉一些感情的垃圾，为自己的心灵松绑。

他是个爱家的男人，对她也百般呵护、万般宠爱，好得让她这个做妻子的自惭形秽。

他们之间第一次出现感情异常是因为一把钥匙。他原有4把钥匙，楼下大门、家里的两扇门以及办公室4把。不知何时起，他口袋里多了一把钥匙。她曾试探过他，但他支支吾吾、闪烁不定，这令她怀疑这把钥匙的用途，她开始有意无意地打电话追踪，偶尔还出现在他办公室，名为接他下班，实为突击检查。

伴随着他反常的行为举止，她的心一次一次地动摇，她有时候甚至动不动就发脾气，可是他对她依然温柔体贴。直到有一天，她发现了钥匙的用途，原来是开银行保险箱的，于是她终于忍不住悄悄拿走钥匙进了银行。

当钥匙一寸一寸地伸进那小孔，她慌张又迫切地想知道答案。打开保险箱，首先映入眼帘的是一个珠宝盒，盒盖里有他俩的合照以及热恋时期的情书。在珠宝盒下面是一些有价证券，另外还有一些不动产，不动产都写着一个名字。

她哭了，因为这个名字不是别人，正是她自己。所有的疑虑都烟消云散，他是爱她的，而且如此忠诚。

故事中的妻子原本幸福快乐地生活着，却因为对丈夫产生疑虑，他们的情感出现垃圾，结果影响了正常的生活。但是当情感垃圾清除了之后，她的心境又回归平和，心灵也得到解脱。

对于亲情、爱情、友情，现实生活中的每个人都有可能会产生情感垃圾，当一个人的心里积攒了太多情感垃圾之后，他的心中就会背负太多东西，导致积重难返，也很不利于个人的成长。只有将垃圾情绪扔掉，他才能充满激情地专心做事。

下面是清除情感垃圾的3点建议：

（1）直面问题、解决问题。每个人的生活中都有大大小小数也数不清的问题，比如考试不及格、工作不顺利、失恋，等等。当发生这些问题时，如果处理不好，心里就容易产生情感垃圾，影响自己的心情。所以，这时就要直面产生问题的原因，解决问题，不要让情感垃圾积聚。

（2）主动表达自己的善意。情感垃圾往往是由于彼此的不信任而产生的，这个时候谁对谁错都已经不重要了，重要的是要向对方表达自己的善意，打开对方的心扉，从而利于情感垃圾的清除，也利于自己心灵的解脱。

（3）多多积累美好的情感。人的情感空间是有限的，如果你留了过多的空间，那么情感垃圾很容易就堆积进来；如果你心中存放很多美好的情感，那么情感垃圾也无从插入。

例如，当我们又一次和恋人吵架时，不妨多想想对方当初给自己的美好回忆，让负面情绪不再侵入。

“举”世“明”言

人行走于世，心灵难免在红尘俗世中遭尘埃污浊，一旦心惹尘埃，人生之路就会坎坷不平，此时，不妨扫一扫你的心底，扔掉那些已经成为垃圾的情感，还自己一颗纯净的初心，还自己一条平坦宽广的人生大道。

请给自己的心灵“松松绑”

减去多余的物质，就会减去心灵的负担。

常给心灵松松绑，这不仅能使我们放下心中的负担，还能让我们打开自己的心扉，清扫心底的垃圾和烦恼，从而快乐地度过每一天。

人生之舟行驶在时间的长河中，两岸不仅是旖旎的风光，有时也布满荆棘。在当今这个社会，人们面临的竞争越来越多，压力也越来越大。生活中遇到的不顺，工作中碰到的瓶颈，就像一场狂风席卷暴雪而至，淤积于我们心中，使我们的心因浮躁不安而难以找到栖息之地。

人生中，我们不能只顾着匆匆赶路，那样的话，将会错过许多美丽的风景。在心灵超负荷地运转时，应该为它装上一个宁静、充实、愉悦的“安全阀”：或漫步大自然，让心灵在青山绿水中呼吸芳草的清香；或泛舟于书海，给心灵一片溢满书香的天空；或徜徉音乐里，让心灵随着音符一起快乐地跳动。美好的生活源自于一颗轻松自在的心灵。我们应该学会泰然处世，无论外界发生怎样的变化，内心仍然要记得保持一片清净的天地。

有一位被关在牢狱里的囚犯，他的牢房面积非常狭小，只有不到两平方米，空间的拘束让他觉得很不自在，为此他的内心充满着愤慨与不平，总是觉得自己的人生毫无意义，每天都痛苦不堪。

一天，牢房里飞进来一只苍蝇，“嗡嗡”叫着到处乱撞。囚犯烦躁地想：“我已经够烦了，又加上这只讨厌的家伙，实在气死人了，我非捉到它不可！”但是苍蝇很机灵，每当他快要捉到的时候，它就轻盈地飞走了。苍蝇飞到东他就扑向东，苍蝇飞到西他就扑向西，一直捉了很久还是没有捉到。此时，这名囚犯慨叹道：“原来我的小囚房不小啊！在这里，居然连一只苍蝇都捉不到，可见地方蛮大的嘛！”也就是因为这只小小的苍蝇，使得他明白了自己的处境其实还有转机，烦恼可以消除。于是，他开始积极乐观地面对每一天。

很快，他就获得了减刑，提前结束了自己的牢狱生活。出狱之后，他特意在自己的床前挂上这样一幅字画：“心中有事世间小，心中无事一床宽。”

我们所处的外在环境其实并不是最重要的，重要的是我们自己内心的世界。我们不要时时计较环境的好坏，而是应该注重内心的平静与祥和。只有这样，我们才能远离烦恼，拥抱快乐。比如，上班族每日都要纠缠于一大堆的文件和纷杂的事物中，难免心生疲惫，感到厌倦，此时，可以试着放松自己，为心灵减压。既然工作已经很努力，那么适当的时候就应该尽兴休闲。只有释放掉压力，使心灵放松，我们的生活和工作才会变得快乐和更加有意义。在这个生活步调日益紧凑繁忙的社会，人人都应学会释放自己的精神压力，这样，我们才能活出健康豁达的人生。

给心灵适时的放松是一种心智上的调整与休息。当我们因工作或生活中的种种不如意而怨愤、沮丧、痛苦、失望、无奈时，最重要的就是要学会为自己的心灵松绑，使它变得轻松。心灵一旦放松，即使在我们以为最痛苦的时候也不会情绪低迷，人生始终会充满愉悦，而不会变成一场苦涩的旅行。

“举”世“明”言

人生在世，本来拥有很多的幸福和快乐，不要总是把过去的负担背在身上、放在心上。要用乐观的心态，多去想想快乐的事情，你就会发现心中自然轻松了许多。

“李”氏讲堂

情绪“加减乘除”规律

“怎么今天又是雾霾天啊?”“这要堵到什么时候啊?”“真烦人，这班要加到什么时候啊?”焦虑、失望、恐惧、悲伤，这样的情绪我们每个人都会经常遇到。你想从坏情绪中快速解套吗? 试试下面的“加减乘除法”规律吧!

1. 加法规律：遗憾＝失望＋责任感

在加法中，不管哪个加数的增大，无一例外都会导致结果的增大。就遗憾来说，就是当我们的期望值太高，同时又感到自己对此负有不可推卸的责任，甚至要为明天太阳的升起背负着责任，然而，当事情没有如同预期的那样时，就很容易产生遗憾。美国心理学家巴里·施瓦茨认为，遗憾有两种类型：一种是可预期的遗憾，另一种是做出决定后的遗憾。在现实生活中，产生的遗憾更多是因个人选择而导致的对结果的不满。简而言之，遗憾就是责任感的无限放大，我们选择沉溺于遗憾，只是源于我们习惯了自责。

因此，当你感到遗憾时，首先应该仔细检视自己的责任感。假如某种遗憾一直萦绕在你的心头，需要找一位熟悉内情的人帮你分析，寻求一个客观的观点，观察自己是否过度重视方程式里的责任感了。

2. 减法规律：失望＝期望－现实

失望和遗憾处于同一栋楼，只是比遗憾低一个楼层。我们会感到失望，往往是因为我们没有获得自己想要的。潜在的失望通常会随着期望的增高而增高。因此，我们要学会减少自己潜在的失望，而减少失望有两条途径：降低自己的期望或改变现实。

除此之外，现实的重要性也会随着减少失望而逐渐稀释。问自己，这个结果对你来说到底有多重要。有时，失望或许只是如同被蚊子叮过一样，几分钟后就可以彻底遗忘。

3. 乘法规律：焦虑＝不确定性×无力感

相对加减法而言，乘法中的因子之间存在着更加强烈的关系，导致的结果也更加惊人。是否要跳槽？买房子还是租房子？类似这样的问题往往会让我们陷入无限的焦虑之中。因为在生活中，面对未知还不是最可怕的，可怕的是伴随着那些不确定因素带来的是自己没有准备好或极大的无力感而产生的巨大恐惧。当你感觉不确定时，你的无力感也会跟着加强，就会拥有更深刻的恐惧感。假如你能改变其中一个变量，将某个变量降低到较小或接近零时，就可以很快降低焦虑感。

比如，当你感到焦虑时，制作一张平衡表列出你所知道的与你能影响的。首先，将你对未知事物的神秘感祛除。这种情况是否如你想象的那般不明朗，你有没有高估了其危险性或重要性。其次，询问自己是不是真的没有准备好去面对。你可以借助哪些资源让自己感到更有力量呢？罗列出你的强项与应对技巧，以及可用的资源，这会让你充满力量。

4. 除法规律：幸福 = 想要拥有的 ÷ 拥有想要的

类似于乘法，在除法等式中，改变除数或被除数同样能产生更多的动态结果。在一个严重缺失幸福感的社会，哪些因素能影响我们幸福力的提升呢？美国的海曼·萨哈特牧师曾经说过："幸福不是拥有你想要的，而是想要你已经拥有的。"我们通常追求那些能带给我们满足感的东西，却总是忽略我们已经拥有的东西。

因此，提升幸福感的方法是增大被除数与减小除数。彻底打消对拥有事物的依恋会让你感到更加幸福。不过，也有一些人正在进行着相反的事情，他们渴望新鲜的东西，同时也懂得用一个健康的被除数去平衡这些欲望，那就是对自己所拥有的一切表示珍惜。

立刻开始，拿出纸和笔，将你的人生好好筹谋一遍，如何加减，怎样乘除，才能获得你想要的结果，那么，你就可以依照这套公式规划你的人生了。

第五章

经营成功——成功没有奇迹，只有轨迹

在这个万马奔腾、百舸争流的时代，“成功”一词越来越引人注目，因为人人都渴望成功。什么是成功呢？无非是目标达到、计划完成、愿望实现。简而言之，就是做好想做的事情。然而，许多人对成功需要付出的艰难望而却步，最终没有达成自己的目标，或是根本没有去做自己想做的事情。事实上，并不是因为事情困难我们不敢去做，而是因为我们不敢做事情才变得困难。

成功没有奇迹，只有轨迹

成功没有捷径，少走弯路就是捷径。成功没有奇迹，遵循轨迹就是奇迹。

首先和大家分享一则小故事：

有三个老翁在钓鱼，看起来气定神闲、得心应手。举竿抛竿，动作老练无比。没两下就钓上一条鱼，把在旁的一位年轻人都看呆了。

不久，其中的一位老翁忽然站起来，就像三级跳远一样，很快地由此岸水面上一跳一跳，很快跳到对岸去，拿了一些鱼饵，又同样跳了回来。

又隔不久，另一位老翁站起来，也像蜻蜓点水似的，由此岸水面上跳了几跳，到对岸把刚钓上的鱼放入竹篓中，然后又神奇地从水面上跳回来。

年轻人大吃一惊，觉得这几位钓鱼高手莫非也是轻功高手，居然能在水面上来去自如？于是，他不自觉地也试着在水面上跳跃了一下，结果却跌进水中去了。

当年轻人被救上来以后，老翁告诉他："我们几个人，在这条河边钓鱼都已经很多年了，当然很清楚河中哪些地方有暗礁可踩，哪些地方会一脚踏空。所以，我们踏在水面上都没问题，你怎么能乱跳呢？"

世上不会有奇迹出现，只有轨迹可循。成功是有方法的，关键是我们能不能接受别人的意见，能不能把别人的经验变成自己的经验。

现在的一些年轻人，自以为有满腹才华，看到别的直销高手推销起产品来得心应手，似乎十分的简单，于是自己也不谦虚请教，便自顾自单独行动起来，结果一下碰了壁，跌进了失望的深谷而无力自拔。

李刚过去从事推销工作时，卖过化妆品、保健品、衣服、书籍、录音带、百货等产品。从事了5年销售工作，业绩没有什么起色，后来换了工作。

直到有一天他参加了一个很特殊的推销学训练，学到了世界推销冠军纪录保持人、世界上最伟大的推销员的推销技巧后，重新展开了他的推销生涯，李刚替老师销售他的潜能开发教材，没想到在一天当中李刚的收入竟是过去一个月收入的两倍，原因就是他采用了世界推销冠军所使用的方法。

记住，成功的方法就在最成功的人那里，你不去寻找他、接近他，你又怎能学得会他的成功秘诀呢？没有他的成功秘诀让你使用，你又怎么会有和他一样的结果呢？

“举”世“明”言

成功是有轨迹的，在成功路上，两点之间直线的距离是最近的，我们靠近成功，就一定有收获。

此刻打盹将做梦，此刻学习能圆梦

单练不会更要练，单学不会更要学，越发闷越要学。

谁都拥有“此刻”的时光，也拥有美好的理想。但是，不知道你的此刻是如何利用的，也不知道此时的你又在做些什么。也许你会说，我有的是时间，大把大把的时间，我想怎么用就怎么用。当然，如果你心无目标，浑浑噩噩，只想让时间消耗得更快，那你最好的消磨时间的办法就是进入梦乡，在梦境中追寻曾经想要拥有的一切。但是，除了做梦，你也不会再有其他的收获了。你所拥有的，就是虚幻的梦境。

如果你渴望成功，如果你不甘平庸，那就及早地从梦中醒来吧。抓紧分秒的时间学习，并深刻地意识到流连于梦境对你没有任何好处，而及时地醒来捧起书本，你将成就自己的人生。

美国前总统克林顿说过：“在知识经济时代，谁不善于学习谁就没有未来。”对于个人而言，学习是一种权利，社会的每一分子都有权利获得学习的机会。因为学习如同呼吸，意味着生命的存在。

不断学习，我们可以解读自己的人生密码，规划自己生涯发展的蓝图；不断学习，可以积累属于自己的智能资本；不断学习，可以开发生命的源泉，实现自我蜕变；不断学习，可以打破界限，冲破限制自己的瓶颈。

不断学习，活到老，学到老，将学习作为生命的根本保证，正如马克思所说的那样：“一个人有了知识，才能变得似有三头六臂。”

“读书而不思考，等于吃饭而不消化。”这句话告诉我们学习的本质就是培养人的能力，只有通过学习，掌握了这些能力，才能让我们的生存更加有保证。古人云：“授人以鱼，只供一饭之需；授人以渔，则终身受用无穷。”在学习中探索生存的技能，在生存中体会学习的奥秘，人生才会越来越有意义。

穷人的孩子早当家，小王冕七八岁的时候，就已经能帮家里做事了。父母安排他每天牵着牛出门去放牧。

有一天，小王冕跟往日一样出门去放牛。可是一直等到太阳落山，母亲做的饭菜都凉了，也没见王冕回家。又过了一会儿，牛独自从院门外回来了，自个儿在院子里转了一圈，然后慢悠悠地钻进了牛圈，但放牛的王冕却没有一起回来。

父母非常担心，想要出去寻找，就在这时，王冕气喘吁吁地从外面跑了回来，他先到牛圈一看，发现牛已经回来了，这才松了一口气。父亲把他叫到面前，询问他回来晚的原因，王冕低下头，内疚地解释说："是我听书忘记时间了。"

原来，王冕放牛路过村里的那个学堂时，听见从里面传出朗朗的读书声，一下子就给吸引住了，特别羡慕，他把牛拴在野地里让它吃草，自己则悄悄地溜进学堂，听学生们读书，听一句，记一句，非常入迷，不知不觉，太阳已经下山了。

当他跑到草地去找牛，发现牛已挣断绳子，不知跑到什么地方去了。幸亏路走熟了，牛顺着回家的路，自己回到圈里了。虽然牛安全地回家了，可王冕挨一顿打是免不了的。

父亲将他暴打了一顿，严厉禁止他放牛期间去听书。父亲的棒打并没有打掉王冕对知识的渴求。两天之后，他因听书又被发现。当父亲又要实施棍棒教育的时候，母亲出来劝阻："冕儿如此痴心学习，你一味地打他是没有用的，不如让他去学习，不要再去放牛了。"

巧的是，村庄山上的寺庙正好要雇工做活，王冕借机在庙里住了下来。白天他干些杂活，换取两顿饭。晚上他安睡在寺庙佛殿内，这样就能借助桌案上摆放的长明灯的微弱灯光看书，他看得很是痴迷，每每半夜才睡。

由于王冕的刻苦好学，当地一个名叫韩性的学者收了他做徒弟，跟着他一起学习。

学习的条件变好了，王冕倍加努力，很珍惜这来之不易的机会。为了学习更多的技能，他不仅刻苦读书，还在劳动之余练习写诗、作画，经过勤奋努力，他最终在诗画方面取得了显著成绩，受到了世人的赞赏。

恶劣的环境并没有阻碍王冕学习的步伐，甚至督促他更加努力好学，好学赋予了他梦想之翼，也改变了他的生存状态和未来发展。在竞争激烈的当今时代，学习是现代人寻求生存发展的必然选择和最佳路径。学习帮助我们掌握了生存的技能，学习更让我们体悟到人生的意义和生存的价值。

学习化生存是最佳的生存方式，它更多的是一种理念，一种途径，一种通向睿智、丰富、幸福生活的途径。

现在，我们迈入了以信息化为标志的知识经济时代。生产的信息化，使劳动也具有鲜明的智能化特征。

“知识经济是以学习为基础的经济，与之相适应的社会是学习型社会。”面对信息爆炸和科学技术日新月异的飞速发展，只有坚持不懈地学习，才能使用日新月异的劳动工具；也只有不断学习新的生存技能，才能在生存竞争中立于不败之地。

“举”世“明”言

一个想要出人头地的人，在任何环境中都应该学会培养自己的学习力，增加自己竞争的砝码。当然，在学习之前，要先弄明白自己究竟要学什么，同时要搞清楚自己会从中获得什么收益，只有有的放矢，才能使自己的学习更有针对性，得到更大的益处。

抓住机遇坐稳“王者宝座”

命运不是机遇，是选择。命运不靠等待，凭争取。

一些成功的人在谈到自己成功的原因时往往都将其归结为“机遇好”。虽然这种说法有谦虚的成分，但也不能否认一个人取得成功的重要因素之一就是机遇。

纵观古今中外，机遇的眷顾使许多人获得了成功。汉朝的开国功臣韩信之所以能成为一代枭雄，除了因为他自身英勇善战、才能杰出，更重要的是萧何举荐了他，刘邦重用了他，给了他施展才能的机会；三国时代的诸葛亮由于刘备的赏识，充分发挥了自身的聪明才智，从而名垂青史；一代文豪大仲马不厌其烦地对儒勒·凡尔纳常进行指点，使他的文学天赋如虎添翼，得以完全施展，写出了受大家喜爱的不朽作品，成了一名法国杰出的作家。

可见机遇是多么重要。但是也有人认为还有比机遇更重要的，那就是实力，理由是，一个有实力的人会及时抓住机遇，而一个没有实力的人，即使机遇迎面而来，也会与它失之交臂。这句话也很有道理，但我们不妨这样试想一下：为什么有的人才华横溢、能力出众，却一直不能出类拔萃，只能抱着平庸的裙角打转？而为什么有的人资质平平，却能够运筹帷幄、包揽成功？究其原因就是前者无缘机遇，后者则有机遇的垂青。

一位名人曾说过，如果没有机遇，卓越的才能也会失去价值。的确，在现实生活中，有很多人碌碌无为都是因为缺乏机遇。机遇也许在你的生命中只出现一次，甚至在你还没反应过来时它就已经悄然离去，其珍贵的价值可以想象。但是如果你及时抓住了这次难能可贵的机遇，你的人生必然会出现转机。

荷兰队的范·巴斯滕便是在1988年的欧洲杯足球赛上一举成名的幸运儿。当时，巴斯滕并不被主教练看好，即使处于战绩不佳的情况下也不打算启用他，因为荷兰队人才济济。巴斯滕愤愤不平，正准备一个人提前回国时，事情出现了转机。由于一名主力前锋腿腱受伤，无法参加第二天对英格兰的第三场生死战，主教练迫于无奈派巴斯滕上场。结果巴斯滕在这场比赛中抓住上场的机遇独中三球，为自己成为主力前锋奠定了牢固的基础。随后，巴斯滕又接着连攻数球，尤其是在和苏联队的决赛中更是打得精彩异常，进了一个被称为“世纪入球”的零角抽射，把荷兰队拉上了欧洲冠军的领奖台。巴斯滕本人也夺得了最佳射手的金靴奖。从此，巴斯滕的职业生涯便到处充满光环，被 AC 米兰引进后，开始了“荷兰三剑客”时代，并多次荣获“世界足球先生”和“欧洲足球先生”的称号。

巴斯滕抓住了一次上场的机遇，不失时机地证明了自己的实力，也向全世界展示了自己的风采，所以说，抓住了机遇就是抓住了成功。机遇不来寻机遇，机遇来了别放弃。人生机遇是值得人类永远思考和探索的一个主题。古人云：“天予不取，反受其咎；时至不迎，反遭其祸。”这话确实不无道理。在日常生活当中，我们常常会听到有人后悔错过了机遇，因此认为自己是找不到用武之地的英雄，只能整天感叹生活郁闷。其实，机遇永远只眷顾有准备的人。盲目地生活、没信心、没追求，只能让机遇一次次错过。有追求、不放弃、肯拼搏，就能抓住机遇、抓住让自己迈向卓越的“天梯”。

机遇来临了，你没有资格抓住机遇，那只能怨你不具备抓住机遇的素质。面对机遇，我们应该具备什么样的素质呢？要抓住机遇，须做到以下几方面：

第一，要随时做好准备。从年轻时就要开始尽可能地获取各种各样的广博的知识，按照你的知识结构给自己创造机遇；机遇突然出现时，你要抓住它。而且从学生时代开始就要尽可能地锻炼出很强的创新能力，也就是机遇来到的时候你要有创造性。

第二，要从小事做起，认真地做好每一件事。道理很简单，机遇总是突然地、不知不觉地出现，有时你甚至一辈子也不知道哪个是机遇。

第三，一旦出现机遇的时候，就要全力以赴地抓住它。

第四，当抓住机遇的时候，你要明白如何使用它，如何把机遇变成成功。不会使用机遇的人，机遇也没有什么意义。

“举”世“明”言

一个机遇，可以助你成功；一个机遇，可以改变人生；如果是一连串机遇，甚至可以铸就伟业……

不是成功来得慢，而是放弃速度快

不是成功来得很慢，而是你放弃的速度太快。

如果你不放弃自己，就不会有谁放弃你。所有的富有者没有谁是一个放弃理想和追求的人，在成功的道路上，放弃永远是一种最可怕的行为，甚至比失败更可怕。因为失败之后还可以再来，而放弃了则是从心底让自己和成功告别了。失败是成功的前奏和序曲，而放弃则是成功的结束和尾声。面对人生的许多挑战，许多坎坷和陷阱，谁能保证不输？跌倒并不可怕，可怕的是没有再次站起来的勇气。成功的人总是那些不轻言放弃的人。

大家肯定对“马云”这个名字不陌生，他就是2015年11月11日全天交易额达912.17亿元的电商天猫的大佬，可以说是家喻户晓，国际知名。他就是永不放弃最好的代表。

他深凹的颧骨，扭曲的头发，一米五几的小个子，可以说其貌不扬。

他是一个不懂IT（互联网技术）和网络的人，但阿里巴巴在他的经营下，却成了全球知名的IT品牌，马云也成了全球IT行业的知名人物。

马云从小成绩不是很好，前两次高考数学几乎收获“鸭蛋”，在学校，他还因为打架被迫转学。父母对他的学习很是担心，但马云自己却很清楚。他理直气壮地对父母说：“我只是经常打架，但我并不爱打架，打架是因为我从小酷爱金庸的武侠小说，渴望能在生活中当一个小侠士。”武侠小说中主人公，如郭靖、杨过等，给他很多启示：“侠之大者，在于为国民也。”也的确是这样，他每次打架都是打抱不平，连派出所的人也觉得他很有理，但很少有人能够真正理解他。

经过两次高考失败后，马云开始奋发读书，他一有空就到图书馆看书，第三次高考，他终于圆了大学梦。他这种永不言失败的精神值得我们学习。

在大学里，由于他学习方法得当，尤其是他的英文非常出众，他能说一口流利的英语，皆得益于他那种不怕犯错的“厚脸皮”精神，找到老外就开练。英语成绩出众也为他以后的创业道路奠定了基础，毕业后他的英文专长更是突出，在业余时间给众多的翻译社当翻译，名气越来越大，很多公司知道后想以高薪聘请他，而马云却为了自己的承诺，当了6年英文教师，这是因为他曾经答应过校长当6年的英文老师，因为马云坚信：“黄金失去可以再得，而名誉失去却难以挽回。”最终，他兑现了承诺。

承诺兑现后，马云开始了自己的创业。他首先成立了“海波翻译社”，但经过几年的经营，他认识到做翻译缺乏竞争力。经过大量的调研，他认识到在互联网购物、销售是未来的方向，于是他成立了“阿里巴巴”这个让企业可以自主的沟通、交易的平台。

马云不怕失败、勇于尝试的优点在成立阿里巴巴公司时完全得到了验证。阿里巴巴在创立之初受到了自己亲友的强烈反对，可他却撑了下来，现在阿里巴巴一天就要缴税几千万元。

马云为阿里巴巴在互联网取得很好的地位，他推行娱乐营销、事件营销、名人营销、媒体营销……他还3次邀请金庸到中央电视台主持《西湖论剑》。他参加了《赢在中国》，得到了很多掌声。

百折不挠、永不放弃的精神是马云成功的基础。在这个世界上，成功永远属于强者，属于精神上的强者——那些不会被困难打垮的强者。在这里，弱者只能得到同情和怜悯，精神上的弱者永远不可能取得成功。如果把工作比作一场战争的话，人就是在战场上冲锋陷阵的人，工作中的各种挑战就是你的敌人，当你面对敌人时，不能有任何谦让，否则，你的敌人就可以让你丧命。要成为这场战争的胜利者，就要具备百折不挠、永不放弃的战斗精神。

“举”世“明”言

成功根本没有什么秘诀可言，如果真是有的话，就是两个：第一个就是坚持到底，永不放弃；第二个是当你想放弃的时候，回过头来看看第一个秘诀：坚持到底，永不放弃。

既要埋头拉车，更要抬头看路

不要光埋头拉车，也要学会抬头看路。

一个人做事，虽然有吃苦精神，但是没有目标，不看方向，结果往往会吃力不讨好，事与愿违。可见，埋头拉车是很重要的，但更重要的是学会抬头看路。

有一个人种了很多蔬菜，为了防止蔬菜被别人偷走，他在菜地周围筑了栅栏。但是有一天，他很惊讶地发现，他的蔬菜被偷走了很多，但奇怪的是栅栏并没有遭到损坏。

经过开会讨论，全家人一致认为发生这种事的根本原因在于栅栏的高度不够，别人能够跃过栅栏偷走蔬菜。于是此人把栅栏在原来的基础上又加高了一倍。

但是第二天，他发现蔬菜又被偷了，于是他再次加高了栅栏的高度。没想到两天后，他发现蔬菜还是被偷走了很多。令人百思不得其解：什么人这么厉害，能翻越这么高的栅栏呢？

而这时候，旁边有几个经常偷鸡摸狗的无赖正在窃笑不已。

“你看，这个笨蛋会不会再继续加高栅栏呢？”甲问。

“这很难说，”乙说，“可是如果他依旧忘了关栅栏门的话，还会发生以前的事情。”

我们很多时候就像这个只是忙着加高栅栏，却始终忘记关门的人一样，只知道埋头干活，只知道有一堆的问题等着去解决，却不能稍微停一下，思考一下问题的关键在哪里，结果白白投入了很多的时间和精力，却没有收到任何效果。事有本末之分，要想自己种的蔬菜不被偷走，关好栅栏的门是本，加高栅栏是末，舍本逐末，不得要领，自然是费力不讨好。由此可见，办事应抓住事物的主要矛盾或者矛盾的主要方面，因为这些关键因素制约着事情的发展，涉及事情的本质。所以目光短浅、粗心大意的人往往不辨东西，结果费了功夫也没有什么效果；而善于观察、懂得思考的人往往会抓住事情的关键点，直接切中事情的要害，有效地控制事态的发展，并且能出色地完成任务。

有一名探险家到南美的丛林中探险，找寻古印加帝国文明的遗迹。他雇用土著人做向导及挑夫，一群人浩浩荡荡地朝着丛林的深处走去。尽管土著人背负着笨重的行李，但他们的脚力过人，仍能健步如飞。在整个队伍的行进过程中，总是探险家先喊着需要休息，让所有土著人停下来等他。一连 3 天，考察队均较为顺利地实施了原订的计划。到了第四天，探险家一早醒来，便立即催促着人们打点行李，准备上路，不料土著人却拒绝出发，探险家对此感到非常气愤和不解。经过沟通，探险家终于明白，土著人自古以来便流传着一种神秘的习俗，即在赶路时，皆会竭尽所能地拼命向前冲，但每走上3天，便需要休息一天。当探险家进一步询问原因时，向导的回答让他受益终身："那是为了让我们的灵魂能够追得上我们赶了3天路的疲惫身体。"

这句话很富有哲理，在这个竞争激烈的时代，忙碌成了很多人生活的常态，很多人抱怨自己的时间不够用，抱怨自己忙。其实之所以造成这种状况，大部分原因是由于这些人常常只顾着埋头拉车，却忽略了抬头看路，缺少了思考、总结这重要的一环。要知道，只有经过休整与总结，才能使今后的忙碌更具成效。

比尔·盖茨每年都要进行两次为期一周的"闭关修炼"。在这一周的时间里，他会把自己关在太平洋西北岸的一处临水别墅中，闭门谢客，拒绝跟包括自己家人在内的任何人见面。通过"闭关"使自己处于完全的封闭状态，完全脱离日常事务的烦扰，静心思考一些对公司非常重要的问题。盖茨的"闭关"不仅是一种休息方式，还是一种调整轨迹的方法。

培根曾经说过："跛足而不迷路者能赶过虽健步如飞但误入歧途的人。"人生旅途也是这样，只有方向正确的人才有成功的可能。假如一味地向前走，不管前面是深渊还是江河，一头扎下去可能就再也起不来了。

"举"世"明"言

成功的人生离不开正确的方向以及在正确线路指导下的持续奋斗。如果说人生如大海航行，那么人生规划就是其基本航线。有了航线，我们就不会偏离目标，更不会迷失方向，进而能更加顺利和快速地驶向成功的彼岸。

设定目标是成功的第一推动力

没有目标的人，永远为有目标的人去努力。

凡是事业有成的人，都善于为自己设立一个奋斗的目标，没有目标，人就会变得很懒惰，没有激情，也没有足够的动力。一个人树立了明确的目标，在潜意识中就会积极主动地朝这个方向奋进，从而提高了成功的概率。

坚定且明确的目标是成功者所具备的必要元素之一。他们总是为了达成某种目标而孜孜不倦地努力着。目标让人增强进取心，合理安排时间，把握前进的方向；目标激励人勇敢挑战困难，在竞争中永不言败；目标让人行动起来，将梦想转化为行动，创造人生奇迹。

松下电器的创始人松下幸之助曾经说过："人生如果缺乏目标，就不能获得充实，也就不能前进或发展。"松下幸之助这样的经营大咖之所以能击败竞争对手，开拓事业，让自己的品牌响遍千家万户，是因为他懂得规划人生，通过实现一个个目标来推动自己不断前进。因此，目标如同前方鲜明的旗帜，引导着成功人士向前奋进。目标是成功的第一推动力。

1925年10月13日出生于英国伦敦西部的格兰汉姆市一家杂货店主的家中的英国前首相玛格丽特·罗伯特斯是家里的二女儿。她父亲阿尔弗雷德尤其宠爱玛格丽特，决心将她塑造成为自己理想的人物。

阿尔弗雷德并未受过正规教育，然而深谙世事，明白道理，因此玛格丽特非常听从他的话。他爱好读书，不断追求知识的这一品格也遗传到了玛格丽特身上。

阿尔弗雷德的字典里从来没有"我不能""这太难"之类的词句。玛格丽特非常崇拜他，长大以后还记得他的警告："你需要自己拿主意，你不要效仿朋友们的做法，你不要因为担心与众不同而随波逐流……你要率众之先，而决不从众。”

玛格丽特5岁开始学钢琴，9岁时在当地文艺汇演中获得诗歌朗诵奖，赛后女校长表扬她：“玛格丽特，你真幸运。”玛格丽特却非常认真地回答说：“我不是幸运，我应该赢得。”因为她一直相信自己是最优秀的。

就是依仗这种追求卓越的天性，玛格丽特·撒切尔夫人一步步地走上英国政坛，创造出女性的辉煌。

只要你认准目标，选对适合自己的道路，并坚持不懈地走下去，最终会走向成功。只有确立目标并坚定地“咬住”目标的人，才是最有力量的人。一切行动的前提都离不开目标。事业有成，是坚守目标的赠予。确立有价值的目标，才能更好地分配自己的时间和精力，更准确地寻找人生的突破口，找到聚光的“焦点”，也才能全心全意地向既定方向冲刺。那些坚守目标的人，能摒弃一切杂念，懂得凝聚自己的全部力量，变身工作狂，全力以赴向目标进发。

实践告诉我们：每一个有目标追求的人，他们身上都散发出一股巨大的、无形的力量，将自身与事业有机地“结合”为一体。著名女音乐指挥家艾伦，谈起音乐作为她的目标时是那样一往情深：“音乐与我的心结合在一起，它是从我的心里流出来的，是我的肺腑之言……当我把音乐做好，我就得到了最大的满足。这是我生活的目标，也是我从事指挥的意义所在……我热爱音乐，太热爱了！没有任何其他的事情可以超过它，也没有任何其他的事情能够让我这样投入。哪怕我走得再艰辛，我也不会放弃。”

由此可知，目标有唤醒人、调动人和塑造人的能力，目标的能力是难以估量的。一切成就的出发点就来源于设定明确的目标。98%的人之所以会失败，原因就在于他们从未设定明确的目标。

“举”世“明”言

有明确目标的人，生活一定会充实有劲，绝不会因无所事事而不知所措。目标能使人不满足于现状，激励人不断进取，能引导人不断开发自身潜能，最终摘取成功的桂冠。

梦想还是要有的，万一实现了呢

人和动物的区别：人都有梦想。

“梦想还是要有的，万一实现了呢?”这不是一个造梦的时代，而是一个离梦想更近的年代。2015 年由尔冬升执导的《我是路人甲》的电影男主角万国鹏就是一个幸运的“横漂”。

万国鹏出生在黑龙江林口县的一个小康家庭，父亲是工厂会计，母亲是妇产科医生。万国鹏成年后，父母就告诉他自己的事情自己做主。因为万国鹏在高中时对中医的神奇产生了兴趣，因而他独自一人来到哈尔滨，在黑龙江中医药大学学习针灸，度过了 3 年大专时光。

万国鹏在毕业之后并没有选择做医生，而是开始寻找新的人生方向。后来在学校图书馆的一本书上，万国鹏看到一句话：年轻人要跟着激情的方向，跟着心中的方向，跟着梦想的方向去。一瞬间，他突然有了当“演员”的梦想。

2012 年 7 月，万国鹏怀揣着 1000 块钱，向距离老家 3000 多千米的横店进发。和所有“横漂”一样，万国鹏在横店一开始也经历过迷茫艰难的日子。不认识任何人，也没有拍戏经验与门路，又是夏季最炎热的时候，横店白天的温度有时能达到 40℃以上，许多剧组都不得不暂时停工。为了控制群众演员的数量，横店影视演员公会很少会发演员证。没有演员证，就无法接戏。热血沸腾的万国鹏，亲身体会到的第一件事就是失业。

当身上只剩下20块钱时，为了生计，万国鹏不得不打工赚钱。“我特别坚信人饿不死，而饿不死就会有未来。”他用“生活本就是演戏”来鼓励自己，开始在甜品店、烧烤店或咖啡店打工，一个月只赚到1000多元，除去房租外所剩无几。

演员证到手后，万国鹏开始尝试前往各个剧组去送资料，但因为经验太过业余，一直没人录用他。后来通过某打工处的老板，万国鹏结识了一个群头，并接到了第一份演员工作。

尽管拍了十几天的群众，但赚的钱还不够生活费，一天只有40元，吃住不包。万国鹏又一次只剩下20多元。

就像所有苦尽甘来的励志故事一样，万国鹏在这时获得了幸运女神的垂青。某晚他接到一个仅仅一面之缘的群友打来的电话，说有个剧组在挑选跟组演员，建议他去尝试。没想到，万国鹏最后果真选上了。选上之后的第二天，拿着仅剩的7元，他徒步一个多小时的山路来到了剧组所在的宾馆。

“有宾馆住，有盒饭吃，有热水澡洗，还有2000元一个月的工资。”万国鹏形容当时的感觉犹如进了天堂。

而他刚到横店时的住所是每晚25元的一间5平方米大的楼梯口夹角房，身高一米八的他要弯腰才能进去。房间内，只有简简单单的一张床，一个床头柜以及一台破电扇，除此之外，一无所有。

后来结识的人多了，群演的工作也愈加稳定，自我感觉“条件好很多”的万国鹏搬进了一间月租300元的顶楼天台房。

2012年9月末的初秋，夜晚已微有凉意。万国鹏结束了一整天的群演工作后就在自己简陋的出租屋里洗漱，一幅自己在某部戏里扮演角色，表演之前还参加了学习培训的画面浮现在他的脑海。想到这里，他立马把自己从幻想中拉了回来，“别白日做梦了，快去睡觉”。

或许他自己也没料到，3 个月后，他就遇到了尔冬升和《我是路人甲》。至今，万国鹏也不知道尔冬升为什么选中了自己。后来尔冬升在接受媒体采访时，提到对万国鹏的第一印象是：“不像其他东北人很能说话，他那时候经济压力很大，不是那么阳光。”而在看了他表演之后，尔冬升发现了他本性中的“憨厚，谦让，不争，有些动态比较可爱”，很符合角色的需要，“他独一无二，我们不一定要帅哥，他很特别”。

现在已经陆陆续续有其他剧组来找万国鹏了，比如在 2015 年 11 月热播的真人秀《一年级 · 大学季》中，万国鹏就靠着自己的努力成为了上海戏剧学院的旁听生。

“举”世“明”言

我们都是平凡的“路人甲”，却又因心中的梦想而闪着光。梦想不分高低，重要的是，遵循自己的内心，找到属于自己的人生。可亲可近，可以触摸，普通人的梦想，才更显珍贵。

重复定律：简单的事情重复做

不是因为看到希望才坚持，而是因为坚持了才能看到希望。

“成功就是将简单的事情重复做。”一位著名的推销大师，即将告别他的推销生涯，应行业协会和社会各界的邀请，他将在该城中最大的体育馆做告别职业生涯的演说。

那天，会场座无虚席，人们在热切地、焦急地等待着那位当代最伟大的推销员做精彩的演讲。当大幕徐徐拉开，舞台的正中央吊着一个巨大的铁球。为了这个铁球，台上搭起了高大的铁架。

大师在人们热烈的掌声中走了出来，站在铁架的一边。他穿着一件红色的运动服，脚下是一双白色胶鞋。

人们惊奇地望着他，不知道他要做出什么举动。

这时两位工作人员抬着一个大铁锤，放在大师的面前。主持人这时对观众说："请两位身体强壮的人到台上来。"好多年轻人站起来，转眼间已有两名动作快的跑到台上。

大师这时开口和他们讲规则，请他们用这个大铁锤去敲打那个吊着的铁球，直到把它荡起来。

一个年轻人抢着拿起铁锤，拉开架势抡起大锤，全力向那吊着的铁球砸去，一声震耳的响声，那吊球动也没动。他就用大铁锤接二连三地砸向吊球，很快他就气喘吁吁了。

另一个年轻人也不甘示弱，接过大铁锤把吊球打得叮当响，可是铁球仍旧纹丝不动。

台下逐渐没了呐喊声，观众好像认定那是没用的，就等着大师做出什么解释。

会场恢复了平静，大师从上衣口袋里掏出一个小锤，然后认真地面对着那个巨大的铁球。他用小锤对着铁球"咚"敲了一下，然后停顿一下，再一次用小锤"咚"敲了一下。人们奇怪地看着，大师就那样"咚"敲一下，然后停顿一下，就这样持续地做。

10 分钟过去了，20 分钟过去了，会场早已开始骚动，有的人干脆叫骂起来，人们用各种声音和动作发泄着他们的不满。大师仍然一小锤一停地工作着，他好像根本没有听见人们在喊叫什么。人们开始愤然离去，会场上出现了大块大块的空缺。留下来的人们好像也喊累了，会场渐渐地安静下来。

大概在大师进行到 40 分钟的时候，坐在前面的一个妇女突然尖叫一声：“球动了！”霎时间会场鸦雀无声，人们聚精会神地看着那个铁球。那球以很小的摆动幅度动了起来，不仔细看很难察觉。大师仍旧一小锤一小锤地敲着，人们好像都听到了那小锤敲打吊球的声响。吊球在大师一锤一锤的敲打中越荡越高，它拉动着那个铁架子“哐哐”作响，它的巨大威力强烈地震撼着在场的每一个人。终于场上爆发出一阵阵热烈的掌声，在掌声中，大师转过身来，慢慢地把那把小锤揣进兜里。

大师开口讲话了，他只说了一句：“成功无非就是将简单的事情重复做而已。”

成功在于坚持，坚持是最容易做到的事，只要愿意，人人都能做到；坚持又是最难的事，因为真正能做到的，终究是少数人。

在生命的行程中，坚持和选择是一对真实的永恒。人生总有坚持甩手和不甩手的孩子，所以就有了成功者和庸者的区分；选择是一个复杂的过程，把握好自己的人生方向，做出能充分挖掘自己潜能的选择，才是明智的选择。正确地为自己的人生定位，坚持不懈地追求，你的人生才会无怨无悔。

“举”世“明”言

再远的路，越走也就越近；再高的山，越爬也就越平；再难的事，越做也就越顺。重复不是相加，而是相乘。水滴石穿不是水的力量，而是重复和坚持的力量！成功之道，贵在坚持，成在行动！

长胜秘诀：爱传递，慈善天下

爱在哪里，哪里就有感动；善在哪里，哪里就有希望。

我们都接受过别人的关爱，如果我们把这种关爱传递下去，那么我们的社会将变得更加美好。

如果我们每个人都能够关爱他人，那么无论是在生活中还是在工作中，我们的集体都将充满温暖，矛盾也会从此失去滋长的土壤，整个世界将充满和谐与融洽。但是在现实社会中，矛盾的产生又往往不可避免，尤其是在我们的工作中，会涉及太多的利益纠纷，更多的时候我们即使想要保持中立客观的态度也无法做到。如果一个集体中再多出一个自私冷漠的人，那么我们维持集体和谐与稳定就会难上加难。如果我们的集体中所有成员都是自私冷漠的，那么这个集体的内部环境也就可想而知了。

相反，在我们的生活和工作中也总能看到一些懂得真心关爱他人的人。面对这些人，即使我们的内心原本存在着一丝自私，也会不自觉地开始收敛并反思自己的不足，矛盾也会在无形中消解。而当我们去观察这些人时就会发现，他们无一不是朋友遍天下。如果我们也想让自己的人际关系变得和谐，就要学会真心关爱身边的每一个人，从而避免矛盾产生。

爱心具有强大的力量，因为这是一切成功的最大秘密，要让爱成为最强大的武器，没有人能抵抗它的威力。

有一位少年走出家门，看见三位须发皆白的老者坐在门前的石阶上，他们风尘仆仆，好像很久没歇息过了。心地善良的少年虽然不认识这三位老者，但仍热情地邀请他们进屋去坐坐。

三位老者相视而笑，为首的问："你们家的人都在吗?""不，他们现在都不在家。"三位老者谢绝了少年的好意："那我们现在不进去了。"

晚上，少年的父母从外边回来了，少年把门口那三位老者的话告诉了他们。少年的父母一听就说："那你赶快把他们叫进来，给他们好好地做一顿吃的。"

少年走出去对那三位老者说了，他们站了起来，却仍没进门，其中一个指着他的同伴说：“他叫财富，他叫成功，我叫爱。我们不能同时走进一所房子，去问问你家里人，看他们想让我们中的哪一个进去。”

少年进去和家里人一说，家里就炸开了锅。父亲说：“我们请财富进来吧。他一进门，我们就有花不完的钱了。”少年却不同意：“我们该请成功进来。谁不渴望成功呢？成功就意味着拥有一切。”父子俩为此争得不可开交。这时一直在旁边沉默不语的母亲说：“我们为什么不请爱进来呢？只要我们家里充满了爱，什么苦都会变成甜的了。”儿子赞同母亲的观点，最后父亲也同意了。他们一起走出去，热情地邀请爱进屋。

他们刚刚簇拥着爱进了家门，家里立刻充满了欢声笑语。才过了一盏茶的工夫，他们惊奇地发现财富和成功竟不请自来，悄然坐到了他们的中间。父亲问：“不是说只能进来一个吗？现在我们只让爱进来，你们怎么进来啦？”成功笑着回答：“不错，如果你们选择了我或者财富，那另外的两位就会留在门外。但是你们选择了爱，他是我们的老大，不管他在哪儿，我们都要跟在他的后面。有爱的地方，就一定有成功和财富！”

爱是人生最伟大的信念，有了爱才会有一切。因为心中有爱，你才会对自己的工作和生活充满热情，你才不会让自己在困境中沉沦。拥有爱心，你的人生就会有财富和成功。

“举”世“明”言

要相信这个世界上有爱，加入传播爱的队伍，你慢慢就会发现，爱拥有传染的魔力，它可以进入任何人的心灵，即使是那些所谓的坏人，在他们灵魂的深处也还保留着一块温软的园地，可以感受爱，可以感动。谁不愿意生活在美好的世界里呢？毕竟，大家的心中有爱，爱心才会让这个世界充满温馨和感动。

“李”氏讲堂

成功的15条规律性定律

在过去的几年当中，很多人都会提出这样的疑问：“李老师，一个人到底要怎么样才会成功？”各位，如果找到成功的规律，成功就变成了极为简单的事情！下面分享容易成功的15条规律性定律。

1. 积极的心态

人与人之间的差别非常小，但这种极小的差别却往往导致巨大的差异，这一差别往往是指我们所具备的究竟是积极的还是消极的心态。巨大的差异指的是成功与失败。简而言之，心态是命运的控制塔，心态决定人生的成败。

2. 要有明确的目标

拥有明确的目标，内心的力量才会找准方向，漫无目标的努力或游荡终归会迷路。

3. 多走些路

努力去做积极主动的人。要敢于实践，大多数人的成功也就是因为多走了些路，找到了其他人没有找到的另外一点东西。抓住机会，掌握命运，积极主动地去做事，并养成遇事不拖沓的好习惯。

4. 正确的思考方法

成功 = 正确的思想方法 + 信念 + 行动。想要成为拥有正确思想方法的人，必须具备坚韧的性格，挖掘自己的潜力，常常给自己“我行”“我是优秀的”“还须再改进”这样的积极心理暗示。

5. 高度的自制力

学会自制是一种非常难得的美德，通常而言，能够抓住机会的人总是具备强烈自制力的人。要明白，自己才是成功的最大敌人，缺少对自己情绪的控制，会白白浪费掉许多稍纵即逝的机会。比如，在愤怒时无法遏制怒火，导致周围的合作者望而却步；在情绪消沉时，又不管不顾地放纵自己继续萎靡。

6. 培养领导才能

一个领导人物成就多大如何衡量？从他信念的深度、雄心的高度和理想的广度以及他对下属关爱的程度上就能够知道。一个人的领导能力只有依靠同事与下属的支持或合作才能成功。领导要学会赞美下属，对人要公平公正，有合乎人性的管理条例。做任何事情都要精益求精，做任何事情都要研究如何改善，并用更高的标准来对待大小事务。只有认真工作且不断进步的人才有可能成为一个卓越的领导。

7. 迷人的个性

人生的美好体现在人情的美好，人情的美好又体现在人性的美好，人性的美好又体现在迷人的、可以吸引人的个性。对别人的生活、工作表示适当的关心；与人交往中要求同存异，避免不必要的冲突；虚心进取，学会倾听他人观点；学会鼓励别人；保持微笑的魅力；不要吝啬自己的同情心；做错事时要学会认错；他人做了对不起自己的事情，要学会宽容大度。

8. 创新制胜

创造力是人的一生中极其珍贵的财富。如果你拥有这种能力，就可以把握事业成功的最佳时机，从而创造奇迹。记住：创新必胜，保守必败！

9. 充满热忱

拥有信仰的人就年轻，对生活绝望的人很容易就苍老。人生丧失了热忱，灵魂也会受到损伤。热忱是一种非常重要的力量，自古以来，几乎所有伟大的事业都是因为热忱而成功的。热忱是一种积极的意识状态，可以鼓励和激励他人及时采取行动，而且还具有极大的感染力、鼓舞力。

10. **专心致志**

缺乏专注，就无法应付生活的挑战。做任何事都要求专注，专注就意味着用心，凡事用心终会离成功更进一步。

11. **富有合作精神**

企业振兴的关键就是合作精神。而企业家的个人威信也是合作的关键。学会合作，企业就会走向繁荣；不断产生纷争，企业就注定衰落。合作就是力量，合作是领导才能的基础，合作使成功加速。

12. **正确对待失败**

人的一生中总会经历失败，这是正常现象，而一经失败便颓废是可悲的，重复失败更是灾难性的。失败乃成功之母，要学会从失败中吸取教训。成功意味着一连串的艰苦奋斗。要勇于屡败屡战，强烈摒弃消极思想，坚持不懈，不消极等待，在吸取教训中求取进步，“成功是经过多次错误甚至大错之后才能得到的”，用坚强的毅力克服失败，做软弱的对手，战胜自己。

13. **永葆进取心**

凡是杰出人物，都会拥有进取心。进取心是成功的必要元素，应当学会不为酬劳而工作的精神，要拥有任劳任怨的敬业精神，不耻下问是放之四海而皆准的行为法则。

14. **身心健康**

所有成就与财富都始于健康的身心。成功的基本保证就是拥有健全的心灵和健康的身体。要坚持锻炼身体，经常给自己充电，积极的心态需要有良好的能量水平。拥有积极乐观的心态，你的身体就会更加健康。

15. **养成良好的习惯**

人才的造就与毁灭就在于你拥有的习惯是好还是坏。人的成功与否都与习惯有着巨大的关系。好习惯促使人成功。要有胸襟开阔的心理素质、敢于纠正自己缺点的习惯、从容不迫的习惯以及喜欢运动的习惯。

第六章

经营时间——瞎忙1天不如高效率1秒

随着社会的不断发展，竞争越来越激烈，在各大城市中，有无数的年轻人为了梦想而努力奋斗着，他们大多数都在为房子、车子、票子这“三子”不辞辛苦地来回奔波，为事业、地位、前程而加班加点，因而，在匆匆忙忙前进的都市街头总有他们的身影。尽管他们看起来非常忙碌，每天都有许许多多的事情要做，写方案、打电话或加班熬夜……但很多时候这种忙碌不过是“瞎忙”罢了，因为他们并未做出任何工作业绩。

不讲方法，做什么都是“无用功”

在最短的时间内创造最大的成果，在对应的时间点做出对应的结果。不做无用功，要忙就忙到极致！

大多数工作人员可能都有过这样的经历：在工作中绞尽脑汁，与许许多多的客户周旋，最终却没有谈成一笔生意；认为自己的创意很新颖，熬了几个通宵才把方案做出来，最终却被上司“无情”地否决。类似这样的“无用功”，你是否也经历过呢？

对于怀揣梦想的人而言，假若你只知道埋头“瞎忙”，而没有讲究工作、学习的方法，就会像陀螺一般，浪费了大量的时间和精力，最终却毫无收获。

在生活中，大多数人将自己的时间在不知不觉中白白“浪费”掉，每天都做“无用功”，被“自己很努力”的假象所欺骗。因此，当你付出许多努力却没有收到意料中的效果时，就应该静下心来反省一下：你的时间战术运用得当吗？你的努力方向有所偏差吗？你的执着是否变成了执拗呢？假如这些问题的答案都是肯定的，那么你必定做过或者正在做着“无用功”。

无论你多么渴望成功，都应当明白：真正的努力并非机械般地重复与蛮干。很多“瞎忙族”每天认认真真地工作，最终却没有获得相应的回报，甚至在追求成功的过程中不仅丢了西瓜，甚至连芝麻都没能捡到，只能羡慕身边的人升职加薪超过自己，这又是什么原因呢？

出现这种情况的根本原因，就在于他们不懂得讲究方法，总是在做“无用功”。所以，不管你现在从事什么工作，都要明白“劳苦”并不等于“功高”的道理。如果你希望得到上司的器重，唯一的方法就是在最短的时间内取得最耀眼的成绩。现代企业最讲究的就是效率和效益，拥有杰出绩效的员工往往最能得到老板的青睐。

美国福特汽车公司的创始人亨利·福特对高效率有严格的要求。在工作中，福特对员工的效率十分看重，并且时刻鼓励自己的员工：“工作一定要取得更好的结果！工作一定要有更高的效率！”福特公司的成功也许正源于此，而福特本人也被称为“将美国带上流水线的人”。

其实，想要提高工作效率，最好的方法就是不做“无用功”。如果你能够将那些降低效率的问题都解决掉，就会取得预期的工作效果。方法总比问题多，任何问题都有它的解决方法，只要用对了方法，就能取得成功。

有一次，著名的效率专家艾维·利接待了一位重要客人，美国伯利恒钢铁公司总裁查理斯·舒瓦普。当时的伯利恒钢铁公司并不出名，还只是一个小小的钢铁厂。

查理斯·舒瓦普说：“艾维·利先生，你能告诉我怎样提高效率，让自己的努力取得更好的回报吗？”

“这还不简单吗？我给你一样东西，它可以在10分钟内帮助你将工厂的业绩提高50%。”艾维·利从书桌上拿出一张白纸，对舒瓦普说，“现在，你只需要将明天要做的几件事情写在这张白纸上。”

舒瓦普花了5分钟时间，把自己明天要做的事情都写在白纸上。

这时，艾维·利继续说道：“现在，请你将这些事情分出先后顺序，把最重要的排在最前面……你可以用数字标明一下。”

舒瓦普又花了5分钟时间，把先后顺序也排好了。

“很好，你现在可以将这张纸条放进自己的口袋中了，明天起床的第一件事情就是把纸条拿出来，从最重要的事情做起，然后做第二件、第三件事情……”

舒瓦普点了点头。艾维·利又继续说道：“你看吧！这只花了你10分钟，却让你找到了一种提高效率的有价值的方法，如果你和你的员工也能坚持这样做，相信工厂一定会蒸蒸日上的……等你的工厂取得了效益，再给我报酬吧！”

一个月过去了，艾维·利收到了一封信以及一张2.5万美元的支票，寄信人正是舒瓦普。他在信上写道：“谢谢先生的指教，您的方法很有价值！”

舒瓦普从艾维·利那里得到了提高效率的方法，从此不再做“无用功”，而是将精力用在最需要的地方。经过5年的时间，伯利恒钢铁厂逐渐壮大，终于成为当时世界上最大的独立钢铁公司。

事实上，很多人“瞎忙”的最主要原因就是没有用对方法，就算自己失败了，也不懂得从中吸取教训，总结经验。我们经常听到一些失败者说：“都是因为这样……因为那样……”事情没有做好，就找出一大堆理由来开脱，却没有认真思考过应该用什么方法去解决问题。

下面介绍一些提高效率的方法，它们有助于让“瞎忙族”少做甚至不做“无用功”。

（1）将明天要做的5件最重要的事情写下来。

（2）将这5件事情按照重要程度排好先后顺序。

（3）第二天从最重要的事情做起，直到将它完成为止。

（4）接着做第二件、第三件事情……

（5）每天都如此坚持下去，直到养成良好的习惯。

这个方法很值得大家学习，不过这并不是唯一的方法。每个人都应该根据自身的情况去制订和使用适合自己的方法，这样才能更好地提高自己的效率，不再做“无用功”。

“举”世“明”言

不管是奋斗的个人，还是发展中的企业，都不能只顾着埋头苦干。只有对自身的处境有一个明确的认识，对未来的发展趋势有所了解和掌控，才能找到最适合自己发展的方法，才能朝着目标和方向大步前进。也只有这样，才能避免浪费时间和精力的“瞎忙”，不让自己的努力变成“无用功”。

做事情必须要有计划性

没有计划的人生杂乱无章，看似忙碌却是空缺的。

不管做什么事情，仅仅努力去做是不够的，在行动前必须有一个详细的计划，下一步就是把计划中的每一步准备好。等到一切都准备妥当，接下来的事情就很简单了——只要一步一步地去完成就行了。当你把最后一步完成的时候，你就会发现，自己的目标已经实现了。

“凡事预则立，不预则废”，要高效做事，就要养成事前多制订计划的好习惯。一个人要想提高自己做事的目的性，就要养成善于规划的好习惯，避免眉毛胡子一把抓。

率先创立了时间管理方法，被称为美国“时间管理之父”的阿兰·拉金教授，在他的畅销书《如何掌控自己的时间和生活》中提道：“一个人做事缺乏计划，就等于计划着失败。有些人每天早上预订好一天的工作，然后照此实行。他们是有效利用时间的人。而那些平时毫无计划，靠遇事现定主意过日子的人，只有‘混乱’二字。”

成功学家卡耐基认为，计划并不是对个人的一种束缚与管制，必须做什么或不应该做什么并不是由计划决定的，而是由我们必须面临的不断变化的外部环境所决定的。

IBM（国际商业机器公司）总裁托马斯·沃森在回顾自己的职业生涯时说："我的助手有一个非常好的习惯，这也是我一直没有替换他的主要原因。他有一本形影不离的工作日记，每天早晨，他都会把前一天写好的工作计划再翻看一遍，而在一天的工作结束后，他要对这一天的工作进行总结，同时把第二天的计划再做出来。"

史蒂芬·柯维在《领导者准则》一书中写道："我赞美彻底和有条理的工作方式。一旦在某些事情上投入了心血，就可以减少重复，开启更大和更佳工作的任务之门。"

培根也说过："选择时间就等于节省时间，而不合乎时宜的举动则等于乱打空气。"

没有一个明确可行的工作计划，必然浪费时间，更不可能做到高效地工作。试想，如果一个搞文字工作的人乱放资料，随便找个材料都要花去半天时间，那么他的工作肯定是没有效率的。

工作的有序性体现在对时间的支配上，就是首先要有明确的目的。很多成功人士都指出，如果能把自己的工作任务清楚地写下来，便是一种很好的自我管理，就会使得工作条理化，并进一步使个人的能力得到很大的提高。

只有明确自己的工作是什么，才能认识到自己工作的全貌，并从全局着眼观察整个工作，避免每天陷于杂乱的事务之中。明确的工作目的将使你正确地掂量各项工作之间的不同侧重点，弄清工作的主要目标，防止不分轻重缓急，避免耗费时间又办不好事情。

"举"世"明"言

做事情有计划，有目标，我们才有明确的方向，才会应对自如，如鱼得水。养成了做事有计划的习惯，时间就会在我们的掌控之下。

把事情简单化，越简单越有效

复杂的事情简单地做，是专家；简单的事情重复地做，是行家；重复的事情用心做，是赢家！

我们看问题和做事情时，总是有这样的趋势：为了周密而严谨，总是希望采用一套比较复杂的程序来解决问题。就像解答数学题，好像总是最聪明的学生才能想到最简单的解法，而大多数人做了很多无用功。其实这与智商关系不大，重要的是你是否突破了僵化的思维。

一个国际知名的洗浴用品制造厂商引进了一条香皂包装生产线，结果发现这条生产线有个缺陷：常常会有盒子里没装入香皂。这可是个严重的问题，假如空盒子流入市场，会给厂家带来多大的名誉损失啊。公司上层很焦急，他们只好请了一个学自动化的博士后设计一套方案来分拣空的香皂盒。

博士后细心研究了问题，组织了一个十几人的科研攻关小组，综合采用了机械、微电子、自动化、X射线探测等技术，耗资几十万元，终于解决了问题。每当生产线上有空香皂盒通过时，两旁的探测器会检测到，并且驱动一只机械手把空皂盒推走。

而与此同时，中国南方有个乡镇企业也买了同样的生产线，当然也遇到了同样的空盒问题。老板发现这个问题后也大为恼火，他找了个小工来，说："你给我把这个问题解决了。"小工仔细想了想，果然也想出了办法——他在生产线旁边放了台风扇，空皂盒都被风吹走了……

这个故事可以当作笑话来看，但其中的深意我们也不可不领会。有时候那些看似反复而严谨的方法实际上是浪费精力的做法，而“上不了台面”的小技巧反而能带来更大的效益。但是为什么自动化博士后不能想到小工能想到的简单办法，这当然不是智商的问题，而是他囿于自己的身份所限，只会从自己所在专业的角度来思考问题。

中国民间也有这样的俗语，说人学问越多越迂腐，简单地说指的就是自以为有学问的人不会以灵活、简单的方式思考问题。这当然不是学问惹的祸，而是有些人丢弃了灵活思考问题的能力，把自己局限在一套固定的思维模式里。而一个僵化的大脑自然只能得出僵化的方法。

简单的思维是一种智慧，简单的思维是一种精明，它反映出灵活和敏捷。将简单的思维贯穿于问题的处理之中，常常能收到许多意想不到的效果，而且一经人们领悟后，会由衷地叹服其绝妙。

许多年前，教皇把一个神学领域的异端分子关进监狱，目的是不使他的思想得到传播，这个异端分子叫奥卡姆·威廉。没想到，他居然逃跑了，并投靠了教皇的死敌——德国的路易皇帝。他对路易说：“你用剑保卫我，我用笔来捍卫你。”

奥卡姆写下的大量著作都影响不大，但一句不见于著作中的格言却享有盛名。这句格言只有8个字——如无必要，勿增实体。你可以这样理解，只承认一个确实存在的东西，凡干扰这一具体存在的空洞的概念都是无用的废话，应当将其取消。这一看起来偏激独断的思维方式，被称为“奥卡姆剃刀”。

“奥卡姆剃刀”原则在逻辑学中又被称为“经济原则”。根据这一原则，对任何事物准确的解释通常是那种“最简单的”，而不是那种“最复杂的”，这就像音响没有声音，我们总是会先看看是不是电源没有接好，而不会马上就将音响拆开检查是否哪个线路坏了。

“奥卡姆剃刀”体现的就是简单思维，从方法论角度出发，就是舍弃一切复杂的表象，直指问题的本质。可惜，当今有不少人，往往自以为掌握了许多知识，喜欢将一件事情往复杂处想。

美国太空总署曾向全球征求一种供太空人使用的超现代化书写工具，要求是：必须能在真空环境中使用，必要时能让笔嘴向上书写，还要几乎永远不要补充墨水或油墨，他们甚至提出了堪称天价的购买价格。

消息传出后，全世界的许多人都为此大动脑子，各种各样的设计方案不断地由四面八方速递而来。而其中有一条建议，让太空总署的官员看了后汗颜不已，那是一封从德国打来的电报，上面只有寥寥数语：试过铅笔没有？

“试过铅笔没有”是一种智慧，更是一种对复杂思维的讽刺，为什么不使用“奥卡姆剃刀”删掉我们思维中的许多固有模式呢？因为我们接收的知识越多，就越容易将问题向复杂的方面考虑，越难以找到简单的解题方法。

许多时候，人们习惯性地将一个问题想得复杂且高深，这不仅成为解决不了问题的借口，使自己得到心灵上的安慰，更为许多人找到了一个标榜自己的机会。因为在大多数人的认识中，“复杂且高深”的问题必定有一种与之匹配的复杂解答方法。所以在孜孜不倦追求这些复杂解题方法的时候，人们变得看不见简单的方法。

掌握“奥卡姆剃刀”定律，任何时候都能想到更简单易行的方法，我们才能在生活和工作中节省不必要的投入，极大地提高效率。

“举”世“明”言

在工作中，我们要遵循简洁就是效率的原则，抛弃复杂的思维、老套的方法，不要纠缠不清、争论不休，力求将复杂的事情简单做。

明日复明日，明日并不多

今天你若拖延，明天它就会把你“拖光”。接着“拖”，还是趁早“脱”，全由你决定！

生活或者工作中患有“拖延症”的人比比皆是，而且一不小心你也会被它“传染”。

科顿曾经写过这样一首关于“拖延”的现代诗：明天？你是说明天？我不要听。明天是个一毛不拔的吝啬鬼，它用虚假的许诺、期待和希望，大量剥削你的财富。它开给你的是永远无法兑现的空头支票。在亘古不变的时间长河中，明天是个永远都找它不到的狡猾家伙，只有傻瓜才会对它念念不忘、情有独钟。

智者从来不会相信所谓的明天，也从来不屑于同津津乐道于明天的人们为伍。

在科顿的诗里，“明天”不仅仅是一种时间上的单位，更是一种代指，也许是下一分钟，也许是下一个小时，也许是一天之后，也许是很久很久以后。“明天”确实是一个拥有丰富内涵的词，它的外表如此华丽，随时被人们挂在嘴边，随时可以出现在各种场合。

其实，我们每天都有事情要做，而将一切今天可以做的事情延后到“明天”的情形，都可以称之为“拖延”。那些只知道等待明天的人，永远无法将今天紧握在手中。而那些站在人生巅峰的成功人士，最懂得“明日复明日，明日并不多”的道理。

许多人都拥有理想和憧憬，可是真正为了梦想而付诸实际行动的却很少。他们总是将自己制订的计划拖延至“明天”，这样自然会让自己的理想和憧憬都毁于一旦。如果你到过哈佛大学的图书馆，就会看到这样一句话：不要将今日之事拖延到明日。这也就是我们经常会听到的“今日事今日毕”，不过在现实生活中能够真正做到这一点的年轻人又有多少呢？

我们看到，一些患有严重拖延症的年轻人根本无法接受“今日事今日毕”的说法，因为这会让他们失去自由，会让他们觉得这是一种“强制性”的任务。因此，他们更喜欢“今日事明日毕”，并且可以为自己找来千万种理由——我真的太累了！工作任务太繁重！我不能因为工作而失去生活！反正任务不着急……这种喜欢给自己寻找理由的年轻人随处可见，他们习惯了这样的逃避，并且依赖于这种阿Q式的精神支柱。

英国作家狄更斯曾经说过：“永远不要把你今天可以做的事留到明天做。拖延是偷光阴的贼。抓住他吧！”因此，那些总是在抱怨时间不够用，或者付出的努力都变成“瞎忙”的年轻人，都懂得时间是成功的第一基础，想要充分地利用好时间，就要学会立刻行动，绝不拖延。也许当你有了真正的行动之后，会发现自己的能力远远不止于此。

在斯帕克很小的时候，父亲就经常对他说：“快，把你的帽子扔过栅栏，不要往后拖延！”

这是斯帕克和父亲之间的“暗语”，意思是说：“当你面对一道难以翻越的‘栅栏’，并且打算退缩的时候，赶紧把自己的帽子扔到栅栏的另一边去。这样你就不得不强迫自己想尽一切办法翻越栅栏，而且不管你有多么不想做这件事情，都必须立刻行动起来！”

斯帕克的父亲原本出生在一个贫穷的小镇上，他在20岁的时候突然离开家乡，去大城市里奋斗。他来到了堪萨斯州。当时他唯一的“财产”就是一条破旧的小船。为了能够养活自己，他干各种各样的脏活、累活，可是最后却没有领到工钱，还被几个小流氓打了一顿。面对这样的窘境，他也想过乘坐小船回到自己贫穷的家乡去。可是那样就意味着自己将永远生活在穷困潦倒之中。于是，他决定留下，不仅继续努力找工作，还把自己的小船给卖掉了。那时他没有了任何退路，只能前进，用自己的双手去创造未来。

就这样，经过几年的努力，他终于有了自己的事业，并且在堪萨斯州站稳了脚跟。他告诉斯帕克："如果你没有动力去做自己想做的事情，就把自己逼到绝境上去，当你面对不得不做的事情，你就只剩下了一种选择，那就是马上行动起来，一刻也不能拖延。"

在现实生活中，有很多事情是不能拖延的，可是年轻人却习惯给自己找出各种理由，一拖再拖。要知道，"明日复明日，明日并不多"，很多事情只要你马上去做，就会变得易于解决。而且在你真正付出行动之后，效率也自然会跟着提高。

专家经过调查后发现，现在的年轻人或多或少都存在着拖延的心态与习惯，想要提高自己的工作效率，治愈自己的"拖延症"，就要做到以下几点：

（1）你可以给自己一些奖励，比如有一周的时间没有拖延，就犒劳自己去享受一顿美食，或者允许自己放松一下，从而让自己拥有继续坚持的动力。要知道，你在拖延中所耗费的时间和精力，足以让你将那件事情做好。

（2）不断提醒自己最后的工作期限。这也是那些成功人士经常做的事情。在老板看来，提前完成任务比按时完成任务的员工值得依赖，也更具有前途。

（3）提高自己的团队意识，要将自己放在团队中进行思考，这样也能够避免拖延行为的发生。因为你一个人的拖延，可能会影响整个团队的工作进度，甚至让整个团队陷入僵局之中。

（4）你必须记住一个真理，那就是"老板永远不会等你"。特别是在快节奏的今天，拖延就意味着损失，而老板大多都是心急之人，为了让自己的员工创造出最大的价值，他们会想出一切办法，可是却不愿意花一秒钟的时间用在等待上。

“举”世“明”言

这是一个瞬息万变的时代，这是一个讲究效率的时代。在这个时代中，拖延和犹豫是失败的原因，行动与速度是制胜的关键。

用 20% 的时间获取 80% 的成效

用 80% 的精力做 20% 重要的事情，用 20% 的精力做 80% 不太重要的事情。

19 世纪末 20 世纪初的意大利经济学家、社会学家帕累托提出的帕累托法则的大意是：在任何特定群体中，重要的因子通常只占少数，而不重要的因子则占多数，因此只要能控制具有重要性的少数因子即能控制全局。这个法则经过多年的演化，已变成当今管理学界所熟知的“20/80 法则”——即 80% 的效果来自 20% 的因子，其余的 20% 的效果则来自 80% 的因子。

例如，占所有人口不到 20% 的人，其所犯的罪占所有犯罪案的 80% 以上；占全公司人数不到 20% 的业务员，其营业额为营业总额的 80% 以上；等等。因此，只需集中处理工作中比较重要的 20% 的那部分，就可以解决剩余的 80%。但是若不先从重要的事开始，结果会演变成什么正事也没做。打算事无巨细全部完成的完美主义者，往往到最后什么也没做好。

你只要能熟练应用这个“20/80 法则”，琐事过多的烦恼就会消失。高效率的领导者要尽可能地先处理重要的事，而不必将所有的事情个个处理完全。即使剩下的事到后来出了什么麻烦，也不会影响到全局。

有这样一个典型例子，某部门主管因患心脏病，不能长时间工作，遵照医生之嘱咐每天只上班三四个小时。他很惊奇地发现，这三四个小时所做的事在质与量方面与以往每天花费八九个小时所做的事几乎没有两样。他所能提供的唯一解释便是，他的工作时间既然被迫缩短，他只好将有限的时间先用来解决重要的工作，这便是他得以维护工作效能与提高工作效率的关键。

哈佛商学院是如今美国最大、最有名望、最具权威的管理学院。它每年招收750名硕士研究生，在校学习期限为2年；30名博士研究生，在校学习期限为4年；2000名各类在职的经理。在教学中，教授们把"20/80法则"作为一种很有效的做事方法传授给学生们。具体来讲就是说：对于任何工作，如果按价值顺序排列就会发现，总价值的80%往往来源于20%的项目。比如，80%的销售额来自20%的销售，80%的生产来自20%的生产线。如果把所有必须干的工作分为10项的话，按重要程度排列出来，只要把其中最为重要的2项干好，其余的8项工作也就能比较顺利地完成了。比如，稳定2位核心员工就能稳定一个10人的团队。此外，在生活中我们会发现，80%的阅读时间花在了你常看的20%的书刊上，80%的洗衣时间花在了20%常穿的衣服上……

这一原则对我们的工作和生活具有十分重要的指导意义。它告诉我们，做事时要抛开那些无足轻重的80%的工作，把主要的时间和精力投入到最为关键的20%的工作中去，这会给我们带来意想不到的收获。所以，我们在做事情的时候，一定要以那20%的少数关键为主。

一位家境很富裕的女士总爱帮助别人，她总是答应为人们提供各种各样的帮助，大到帮助国会议员解决问题，小到为邻居的花园锄草。过了一段时间之后，她开始感到自己并没有从这些活动中得到相应的满足感和成就感，反而觉得很累。她感到很苦恼，本来是想帮助更多的人，结果却让他人控制了自己的生活，甚至连自己最喜欢的画展都没有时间去参观了。她开始认真反思自己的所作所为，仔细考虑自己以前所做的事。她问自己：难道那些事自己非做不可吗？在回顾往事时她发现，自己所做的很多事情都意义不大，也不能为她带来快乐，而真正能让她感到开心的只有很少的几件事。

于是，她坐下来，列出了她在过去的一段时间内参加过的所有的活动，大约有100多项。然后，她一边看着这些活动，一边从里面挑选出比较重要的，比如照看自己的花园、跟兴趣相投的人交谈、帮助政治候选人、收集自己喜欢的艺术品、参观画展等，这些事仅约占所有活动的20%。而那些对她不是太重要的事情，比如组织学校家长会、帮助教堂推销圣诞礼物、到工会参加志愿活动等，约占所有活动的80%。把一切都列出来之后，她开始重新安排以后几个月的活动，并鼓起勇气把那些不是很重要的活动从自己的日程表上删去了。此后，她有了更多的时间去欣赏自己喜爱的画展，并对自己喜欢的东方陶瓷进行了初步的研究。她对自己现在的生活感到很满意，她收获颇丰，也得到了快乐。

只有抓住20%的少数关键问题，才能更好地处理在工作、学习和生活中遇到的问题。那么，我们怎样才能抓住问题的关键呢？答案是切中要害、直奔主题，不要在无关紧要的事情上纠缠不休。

在运用“20/80法则”时，应注意以下事项：

（1）一定要分清哪些是20%，哪些是80%。

（2）不可过于关注20%而完全忽略80%。

（3）20%的项目消耗太多资源时，可能会导致危机。

（4）千万不要浪费80%的精力，只收到20%的效果。

“举”世“明”言

20%的人用脖子以上来挣钱，80%的人用脖子以下来赚钱；20%的人买时间，80% 的人卖时间；20% 的人做事业，80% 的人做事情。利用好“20/80 法则”，抓住 20% 的关键点，才是高效的关键。

忙要忙到“点”子上

智者只干别人不会干的事，只做核心重要紧急的事，以及别人忙不过来的事。

当好久不见的朋友问你在做什么时，也许你的回答就是“瞎忙”。

什么是瞎忙呢？总有做不完的工作，总有跑不完的聚会，总有需要挤出笑脸应付的人。即使周末在家休息，也会有一大堆事情需要你做，如检查孩子作业、打扫房间、给车做保养、为过生日的亲人选购礼物……你已经不知道哪些事情重要、哪些事情不重要了，忙忙碌碌。钱赚了，花了，没留下来什么。日子过去了，什么都没有沉淀下来。

的确，现代人的生活被各种烦琐的事物填满，很多人都像无头的苍蝇，为了生活忙得晕头转向。如果你的生活也陷入这样的状态，你需要思考一下这到底是为什么了。

一位家庭主妇在博客上诉说自己的苦恼：“我是专职妈妈，每天都待在家里，似乎时间很多，但是还是觉得时间不够用。我虽然制订了每天的计划，但是有时光孩子吃饭就浪费很长时间，做饭又浪费很长时间。有时，还会有一些突发事件需要我去应付。比如被孩子班主任叫到学校，帮助老公去处理银行事务。临时出现的急事解决完了，就是被动地等待后面的事情出现，简直成了一种恶性循环！当初我为了休息选择当全职妈妈，没想到对家里的事情疲于应付，没有时间逛街，没有时间做保养，每天这么下去真是太痛苦了！为此，我想到了离婚，想到不顾一切离家出走……但是觉得那样都是不负责任的。我好累，我到底该怎么做?”

从她的倾诉中，可以看出她的问题已经很严重了，忙碌使她失去了方向，也让她感受不到生活的任何快乐，这种情况如果持续下去，也许会影响她的心理健康。

如果忙不到点子上，即使不上班在家休息也会觉得很累，这就是忙不到点子上的后果。

事情有轻重缓急，有的甚至是可以不用做的无用功，如果你不明白这样的道理，生活就会进入“瞎忙”的误区，疲于应付，无法享受生活。如果你能抓住事情的重点，先做重要的事情，就会轻松很多。

甲和乙同时受雇于一家超级市场，开始时大家都一样，从最底层干起。可不久后乙就受到重用，一再被提升，从领班直到部门经理。甲却像被人遗忘了一般，还在最底层混。终于有一天甲不服气，找到总经理说出自己心中的不满。总经理没解释什么，对甲说：“你马上到集市上去，看看今天有什么卖的。”甲很快从集市回来，说集市上只有一个农民拉了车土豆在卖。经理问：“一车大约有多少袋，多少斤?”甲又跑去，回来说有十袋。“多少钱一斤?”甲再次跑到集市上打听了价钱。总经理看着跑得气喘吁吁的甲摇摇头，然后又找来乙，对他说：“现在马上到集市上去，看看今天有什么卖的。”乙很快从集市回来了，汇报说，到现在为止只有一个农民在卖土豆，有十袋，价格可以，质量很好，他带回几个让经理看，而且把那个农民也带来了，现在正在外面等着回话。总经理看了一眼红了脸的甲，说：“请他进来吧。”

无疑，甲很勤奋也很忙碌，但是忙不到点子上，不能抓住关键点，做的都是无用功，是典型的瞎忙。而乙做事情很轻松，他就出去一趟，把所有重要的信息都弄清楚了，甚至还带来新客户，他是超额完成了任务。两人一对比，当然是乙更有竞争力，也理所当然得到提升了。

所以说要改变瞎忙的状态，就要忙到点子上，埋头蛮干前想清楚自己忙的意义和价值，不能为了忙而忙。

1. 检视一下自己为什么而忙

如果最近一段时间总是觉得时间不够用，忙忙碌碌，就要检视一下自己为什么而忙了。看看自己为之忙的是不是有价值的，看看自己是否偏离了最终的目标……弄清楚这些，你才能从瞎忙中抽出身来，拥有简单而健康的生活。这时，你应该为自己制订简单的计划，弄清楚在计划中哪些是主要的、哪些是次要的。这样，你就会忙而不乱，忙得有价值。

2. 抓住事情的关键点

其实，任何一件事情都有其关键点。职场有职场的规则，家庭也有家庭的规则。谈合作，关键是争取自己最大的利益；搞新产品开发，就要考虑产品的潜在市场和效益；带孩子，关键是孩子的健康和安全；做饭，关键是顾及全家人的口味和健康……先抓关键点，你就会赢得更多的时间。

3. 学一点时间管理的知识

你应该学一些时间管理知识，用专业知识帮你区分重要且急迫的事情、不重要但急迫的事情、重要却不急迫的事情、不重要也不急迫的事情。先把第一类事情做好，投入更多的精力和时间，要确保其完成的质量和达到的效果，剩下的可以利用零星的时间来完成。大事占用大块的时间，小事情采取见缝插针的方式来处理，会节省你更多时间。

“举”世“明”言

人生匆匆，脚步匆匆，如果你把所有的时间都用来“忙”了，而没有好好想为什么忙，以何种方式忙，那么你可能就辜负了时间。这时你身心疲惫，即使抱怨却什么也改变不了。要想走出“瞎忙”的误区，就应该好好规划自己的人生。这件事该不该做，怎么做，分为几步，都是你要认真思考的。当你想明白这些时，你才能忙有所得，忙得有价值，变成高效能人士，成就幸福人生。

天道不一定酬勤，讲方法才更重要

天道不一定酬勤，讲方法比勤奋更重要。

中国有一句古训叫“天道酬勤”，它告诉我们只要勤奋不辍，上天就会给你最丰厚的回报。不过，把这句话运用到现代社会，就显得有点“过时”了。因为“天道并不酬勤”的事情时刻都在发生，如果你做事情不讲究方法，并且盲目地贪多，最后就可能一无所获。

现代管理学之父彼得·德鲁克曾经说过：“那些最没有效率的人，往往将自己的最高效率浪费在没用的事情上。”很多年轻人为什么做事勤勉、任劳任怨，最后却没有得到相应的回报呢？其中很重要的原因就是分不清事物的轻重缓急，做事也毫无头绪。

在某著名大学的毕业课堂上，教授打算给学生们上一堂生动的时间管理课。他把一个大铁桶放在讲台上，旁边放了一堆小石块。

教授站在讲台上，对学生们说：“今天是你们毕业前的最后一堂课，我想和你们来完成一个小小的实验。”说完，教授叫来两位学生，让他们把石块放进铁桶里。当铁桶装满之后，教授问大家：“现在这个铁桶里已经装满了东西，还能再装下其他东西吗？”

学生们想了想，异口同声回答说：“不能！”

“真的吗？”教授露出微笑，然后从讲台下面拿出几袋细沙，将它们倒在铁桶表面，用手摇了摇……很快，那几袋细沙就全部装进铁桶里去了。

教授拍了拍手，再次问学生：“现在铁桶更满了，那么它还能再装下其他东西吗?”

这时，学生们有点不确定了，思考议论一会儿之后，才谨慎地回答说:“不能了……”

教授笑了起来，没有说什么，又从讲台下拿出几瓶水，并且将它们一一倒进了铁桶里。

几瓶水倒完了，教授才抬起来头，十分认真地问道:“怎么样?这个小小的实验让你们想到了什么呢?”

一位学生立刻起身，兴致勃勃地回答说:“这个实验告诉我们，不管日程计划安排得多么满，都能够挤出时间去做更多的事情。”

教授赞许地点了点头，说:“你说得挺有道理，不过并不是我想让大家明白的事情。”教授深吸了一口气，又接着说道:“这个小实验让我们明白，如果没有先将石块放进铁桶里，而是将细沙和水装了进去，那你就再也没有足够空间将石块装进去了。可是如果你先将石块装进铁桶，铁桶里就会有很多缝隙用来装下细沙和水。因此，当你们毕业参加工作之后，必须分清楚工作中的石块、细沙和水，并且要将石块放在第一的位置，先放进桶里。”

这堂时间管理课是生动而又成功的。教授通过这个小小的实验，让学生们明白了做事要分轻重缓急的道理，这会让他们受益终生。

其实，做任何事情都有“重要”和“紧迫”的区别，而现在的年轻人最容易犯的错误，就是分不清什么是“最重要的事”和“最紧迫的事”。他们做事情根本没有计划和头绪可言，虽然工作、学习都很努力，可是却从来没有体会过“天道酬勤”的感觉。

很多人总是将“重要的事”和“紧迫的事”混为一谈，总想把手上的所有工作都同时做好。一旦出现突发事件，整个人都忙乱不堪，结果把所有的事情都搞砸了。高效率的成功者却不同，他们总能够抓住工作的关键部分，知道哪些事情是重要的，哪些事情是紧迫的，因此做起事来总是游刃有余，毫不忙乱。

事实上，根据每一个人的做事习惯，我们完全可以把要做的事情按照重要与不重要、紧迫与不紧迫，分成四个类别：重要且紧迫的事情，重要但不紧迫的事情，不重要但很紧迫的事情，不重要也不紧迫的事情。

那么，对于做事效率低，每天都在“瞎忙”的年轻人来说，应该按照怎样的优先顺序来处理不同类型的工作呢？请参考以下的方法处理事务：

（1）重要且紧迫的事情。主要包括一些影响到工作大局的突发状况，还有一些时限紧迫的重要工作，这类事情必须马上处理好。

（2）重要但不紧迫的事情。主要包括一些你手头上正在做，并且会影响到你未来工作的重要事情，这类事情必须好好规划。

（3）不重要但很紧迫的事情。主要包括一些经常发生，但是时限紧迫的事情，这类事情你可以集中精力快速处理。

（4）不重要也不紧迫的事情。主要包括每天的例行公事，这类事情可以有空再处理。

“举”世“明”言

工作的时候如果你分不清事情的“轻重缓急”，不但会浪费许多时间，更会让你的努力全部“归零”。

休息是为了走更长的路

人生最可悲的是没有累积，休息是为了让自己的累积不中断，避免自己出现“三天打鱼，两天晒网”的局面。

有时你应该问一下自己：我多长时间没有和家人好好相聚了？我喜欢

做的事情是不是一点点被工作蚕食了？我最后一次和朋友联系是什么时候？想想这些问题，你也许会大吃一惊——你的私人时间一点点被压缩了，甚至没有了。

确实，现代人生活压力都大，“累”是一种集体感受，你同时要面对工作、房子、孩子、父母等一系列问题，所以你没有时间休息，只能无奈地说“我不要私人时间”。

这样的后果就是身心俱疲，你身上出现了失眠、焦虑等亚健康状态。在身心俱疲时，情绪自然会陷入低谷，心中积攒了太多的负能量，生活何谈幸福呢？

这时，你迫切需要休息一下。休息不是为了放弃，而是为了更好地工作。一张一弛，文武之道，只有保持清醒的状态，你才能更好地投入工作。

露露是北京忙忙碌碌上班族中的一员，和大部分人一样，每天六点被闹钟叫醒，挤地铁上班，每晚七点还和同事一起齐刷刷地稳坐在位置上加班，很多时候是在公司吃完晚饭然后乘车回家。公司经历了一次人事大调整，露露努力提高业绩，勉强保住了自己的位置，但是生病了不敢请假，上班不敢迟到，每天打着百分百的精神去应付工作。虽然她赢得了上司的信任，但是她没有时间逛街，没有时间聚餐，晚上入睡很难，每天昏昏沉沉，面临崩溃的边缘。后来她专门去找心理咨询师，心理咨询师建议她休息一段时间。于是露露下定决心，找主管说明情况，决定来一次“说走就走的旅行”，没想到得到主管的支持。后来她请了一周的假，一个人背着背包去了西藏，逃离让她夜夜失眠的工作。经过一周的调整，她的状态一下子好了很多，失眠的情况也有所缓解。

你可以算一道数学题，假如一个人的寿命是 80 岁，1 ~20 岁不谈论生命的价值，只留下 60 年的时间供我们支配，除了每天 8 个小时睡眠和每天

8 小时工作时间，剩下供你自由支配的时间更少了。如果这点私人时间还一味地给工作让位，那人生还有什么乐趣可言？

别再等了，该休息时就要休息，不要等身体亮起红灯、工作亮起红灯。虽然休息后还要面对曾经的工作，但是心灵在假期得到休息，必定会变得更加强大。

陈先生已经 40 岁了，是一家图书公司的总策划，把工作做得有声有色，深受业界好评。但是，随着年龄的增长，他越来越感觉到自己的创新能力下降。随着新人的加入，他也意识到自己渐渐落伍了。在这种情况下做好这份工作，让他压力很大，每天都觉得很累。后来，经过一段时间的深思熟虑，他决定辞职，休息一段时间，考虑接下来的路怎么走。在休息这段时间，他一边锻炼身体，一边和很久不见的朋友、同学相聚，读了很多自己原来没有时间读的书。经过一段时间的调整，陈先生的身体、精神都好了很多。更重要的是，在这段时间他积累了人脉，这为他继续出发奠定了良好的基础。一年后，他联合几个同学，创办了自己的图书策划公司，完成了从策划到管理的华丽转身。

陈先生如果一直工作下去，不休息，不调整，也许会慢慢变得力不从心，有可能被新人取代。但是他通过暂停和重启，让自己的事业“柳暗花明又一村”，这能给我们很多启发。

如果你觉得真的累了，力不从心，就不要勉强自己，可以休息一下，放松一下心情，调整一下自己的状态，为迎接下一个挑战做准备。

1. 状态不佳时，给自己摁下“暂停键”

私人时间被挤占让你陷入焦虑的状态，你心情不佳，状态也不好，不如先停下手头的工作，多给自己一些时间。你可以利用这段时间做一些原来你想做但是没时间做的事情，看书、摄影、画画都可以，以缓解消极的情绪，整理好心情。这样你就能信心倍增，挑战新工作。

2. 关注自己的身心

你应该多关注自己的身心健康，关注情绪的小信号，发现焦虑、暴躁等情绪如影随形时，就意味着你应该休息了。在休息中找找方向，倾听内心的声音，想一下自己追求的东西是不是值得拿健康和生命来换取。这种思考可以帮助你调节好身心，以最佳状态再次出发。

3. 选择适合自己的休息方式

休息的方式有很多种，你可以根据自己的时间和爱好去选择。读书可以，旅行也可以，钓鱼也不错。只要这种放松方式能让你释放心中压抑许久的情绪，愉悦身心，缓解压力，让你静下来思考人生，这种方式都是可取的。在休息的时候，最好让工作手机处于关机状态，也不要上网关注行业信息，尽情地过一段时间的慢生活，心安理得地在散步、吃饭等你曾经以为无关紧要的事情上“浪费”时间。

“举”世“明”言

汽车需要保养，人也需要休息。为了各种目标不断压缩自己的私人时间，会让你身心俱疲。你要知道，休息是为了更好地工作，如果你怕被超越不肯休息，终日抑郁焦虑，影响身心健康，也照样影响工作。给自己休息的时间，换种心情，为心灵放个假，这样你才能拥有更好的状态，开始崭新的生活。

“李”氏讲堂

运筹时间的黄金规律

时间是宝贵的，也是易逝的，如果稍不留神，就会从你的手中溜走。下面介绍运筹时间的黄金规律。

1. **远离琐碎的事情**

不管我们手上有多少事情要急着完成，每次都只能做一件事情，那些三心二意还能将事情做好的人，只是极少数的天才。因此，经济学家告诫我们：“要保持焦点，一次只做一件事情，一个时期只有一个重点。”只有这样，才可以有效利用时间。

2. **认清工作的特性**

任何一种工作都有它的特性。有的工作可以在短时间内就取得良好的效果，比如某些简单的机械操作；有的工作却需要花费大量的时间才能取得显著的效果，比如学习某种外语。所以，认清这些工作的特性，才能合理地投入时间，取得预期的效果。

3. **现在就行动起来**

一位成功的富商在谈到自己的成功经验时，只说了四个简单的字：“现在就做！”在现实生活中，很多人都喜欢等待或者推迟开始，这样就会让大量的时间浪费掉。其实，等待只会让你离成功越来越遥远，想要快速地进入状态，就要从现在行动起来。

4. **善用业余时间**

一个人能否获得成功，关键在于他的业余时间，尤其是在晚上 8 点到 10 点这个时间段。如果你能够利用这两个小时来阅读进修，或者坚持做一些有意义的事情，你就会发现自己的人生发生了质的改变，如果能够坚持数年，成功便触手可及。

5. **创造有效时间**

每个人每天都拥有 24 小时，如果你想超越别人，就必须通过一些方法让自己拥有更多的有效工作时间。比如在工作中利用一些现代化的办公手段，积极总结以往的工作经验等。同时，还要尽量避免争论，因为说得越多的人，往往做得越少，聪明的人在别人大声争论的时候，已经开始着手解决问题了。

第七章

经营人脉——朋友圈的投入产出法则

人脉就是成功的血脉，脉络相连的血管为你的成功提供源源不断的能量。即便是有一两处“人脉”坏死，也根本不影响整体的正常运营。人生是一场收视率低，而且工资不高的现场直播，只有经营好我们的人脉，才能把“压力”当成“鸭梨”啃，才能有“笑傲江湖”的勇气和能力。

人脉即命脉，经营好就能活好

人脉等于命脉，朋友等于实力。

从古至今，我们做人与做事的过程，实际上就是一个经济投入和产出的过程。假若你毫不费力就能做成一件事情，那么就意味着你是一位投入成本极低但收益非常高的人。但与之相反，你花费九牛二虎之力，最终却一无所成，就意味着你做了亏本生意，效益分析的结果自然很差。

人人都渴望自己在人际关系方面达到低成本与高效益的境界，然而究竟怎么做，才是最有效的呢？怎么做才能事半功倍呢？

实现目标自然有很多方法，其中人脉资源就是我们生财的主要工具之一。经营得当，自然让你一本万利。不过，一旦处理不善，也很可能使你倾家荡产。尽管人脉资源并不能直接转化为财富，但它是一种非常重要的潜在的无形资产，是一种巨大的无穷财富。

在人脉开拓过程中，到处都凝结着经济学的智慧。朋友即资源，有时候一位朋友就意味着一份资源。所以我们拥有越多的朋友，自然也会拥有越多的资源。在进行资源配置时，我们需要让其达到最优化。人人都有属于自己的资源优势，而人脉就是这样一种能够用他人的优势弥补自己劣势的资源，也就是指资源互补。

懂得这个道理，我们就可以充分地协调资源，扬长避短，达到投入产出的最优化。

如何有效拓展人脉并经营人脉呢？以下是一些方法，可供借鉴，希望对大家有所帮助。

（1）制订切实可行的目标，坚持不懈。创建人脉关系网的首要原则是：不可与人长时间失去联络，不要等到自己有麻烦需要别人帮助时才想到别人。要常常打电话发邮件，借助网络聊天工具和认识的朋友进行情感沟通，甚至需要不定时地找机会见见面，以助于加深印象，深入交流。

（2）不要忽视每一个结识新朋友的机会。在街上、饭店、餐厅、机场、汽车站、酒吧、舞会甚至亲友聚会等，每一个地方都一些有用的资讯，说不定会给你带来一个很好的工作或学习的机会。不妨与人多一些交流，哪怕只是短短的几分钟也行，不仅可以学到新知识，而且也相应地锻炼了自己的胆识，在不断的摸索中，更好地去和陌生人交流。出差、旅游、培训会等都是拓展人脉的好机会，一定要懂得珍惜。

（3）拓展人脉可以借助一些工具。如今是信息化时代、网络时代，可以很方便地借助一些网络工具来拓展人脉，比如QQ、微信等，它们都提供了发掘人脉更好的功能，通过这些手段，可以找到之前失去联系的同学、同事等，通过自己的朋友再结识朋友的朋友等。

（4）随时记录人脉的进展。要像小时候写日记一样，详细记录人际交往的有关资料，包括姓名、地址、电话号码、重要日子以及对方的专长或爱好等，以便在日后有机会交流的时候可以更顺畅。要学会随时更新你的人脉圈，对人脉进行合理的分类管理，如亲人、朋友、同事与同学等类别，通过这些将自己的人脉圈清晰地表现出来。

（5）拓展人脉不能急于求成。拓展人脉时，不可盲目行事，急于求成，这样只会使人距离你越来越远，真正好的人脉需要一段较长时间的努力才能建立，需要精心呵护，用真诚、宽容的心去让他们接纳你，进一步了解你，真正让他们把你当成挚交好友。

（6）拓展人脉要有选择性。有些人为了拓展人脉，以为只要结识的人多就好了，无论跟谁都称兄道弟的，然而到真正需要别人帮助时，昔日的

“兄弟”纷纷离你而去，这种人脉圈是无用的，人脉圈尽管建立起来了，但事实上是断的，无法作为关系的纽带。

因此，要学会筛选，不能把所有人都当成真正的朋友，与他们交朋友固然没有错，或许也能增长你的社会经验，但是要谨记你的初衷与你真正的想法，并把握好度与投入时间。

“举”世“明”言

30岁以前是靠专业与能力赚钱；30岁以后，则靠朋友和关系赚钱。可以说，人脉是一个人通往财富和成功的门票。

以一个圈子带动另一个圈子

要学会整合人脉资源，把外部不合格的资源整合转化为为我所用的资源。

如果你看过一些关于人脉学的书籍，就一定知道人脉学理论中有一种模式叫“滚雪球式经营”。在这个理论中，人脉被比喻成雪球，刚开始也许只是一颗小小的雪粒，但当它从雪坡上滚下来时，就会越滚越大，最后滚成一个巨大的雪球。这和一个人的人脉发展有着惊人的相似度，最初你认识一个人，然后通过他认识两个人，再通过那两个人认识更多的人，随着一步步发展，就像滚雪球一样，认识的人也越来越多。

雷纳德在纽约一家招聘网站做人才部经理，他时常挂在嘴边的一句话就是：“作为一个网站的‘猎头’，我必须结交更多的朋友，朋友的朋友都将是我的朋友，这样我才拥有比别人更多的朋友和机会。”为此，雷纳德为自己建立了许多朋友圈，这些朋友圈独立存在，又相互联系，有时候还能以一个圈子带动另一个圈子，这让他受益无穷。

这便是圈子扩展法则，你可以利用一个圈子的人脉作为自己的踏板，从而进入另一个圈子，拥有更多的资源和人脉，从而形成相互交错、紧密联系的人脉关系网。

难怪有人会说："你可以没有能力，但是不能没有人脉；你可以没有财富，但是不能没有人脉；你可以没有资本，但是不能没有自己的人脉。"这就是圈子的重要性，以及圈子的价值。任何一种生活方式产生时都会伴生一个圈子，比如娱乐界会有娱乐圈，里面全是从事娱乐行业的人，如歌手、演员、导演、经纪人、各种媒体人士等。这些圈子里的人，都会带有某些特殊的烙印，让人们一看就知道："噢，他是××圈的人!"

年轻人从进入职场的"菜鸟"，到渐渐熟悉职场规则和变化的"老鸟"，对"人脉圈子"的理解将变得越来越透彻。房地产行业的人可能会说："我一定不能爽约，不能把自己的信誉砸了，毕竟圈子就那么大，自己做了什么大家都一目了然。"金融界的人可能会说："现在做股票可真难，跳来跳去却总在这个圈子里，没办法啊!"

不管你在什么地方，从事怎样的工作，面对怎样的人，都会拥有很多合作伙伴或者志同道合的朋友，从而形成不同的人脉圈子。那些在生活与工作中都只和同一个圈子接触的人少之又少，绝大多数人都会在有一定经历之后拥有并认同自己的人脉圈子。

一个人的经历越多，就越能处理好各种圈子里的关系，并且从中获益。当然，这些圈子的作用不仅仅是在闲暇时能够一起吃喝玩乐，从现实角度来说，当你的工作面临难题，事业走入困境，甚至需要重新找一份工作时，它的作用就显现出来了。当然，也有一些年轻人经营人脉时并没有意识到圈子的价值，直到自己真正获益才有所体悟。

小庄在一家世界500强企业工作了三年，前两年的人脉圈子和上学的时候差别不大，空闲时约出去吃饭聊天的人都是一些同龄人，可

是他觉得自己的人际关系还算不上什么“圈子”。

在公司里，圈子的现象十分普遍，小庄也发现了这一点，比如“校友圈”就是他们公司最常见的一种人脉圈子。在小庄所在的部门，有几位高管都毕业于复旦大学，每到年底的时候，他们都会举办自己的聚会活动。这一点让小庄十分羡慕。

小庄觉得，尽管公司提倡人人平等，老板对待所有的下属都一视同仁，可是那些处于同一个圈子里的人，总能够更加亲密地联系在一起，在各方面都拥有一定的优势。小庄还发现，自己身边的同事也有了几个属于自己的人脉圈子，有什么项目他们都一起行动，相互探讨，互相帮助，从中受益不少。

在小庄工作的第三年，他开始重视并且建立自己的人脉资源，同时他察觉到自己的朋友圈也在自动分化。虽然自己依然会约朋友出去吃饭聊天，但是在与客户公司的高层长时间的接触之后，属于工作以外的交流时间渐渐多了起来。有一次，他的高中同学请他帮助找一份工作，他尝试着联系自己的客户，没想到竟然成功了。

这让小庄更加体会到人脉圈子的重要，从此他也更加注重建立人脉圈子了。

年轻人拥有不同的人脉圈子，就意味着拥有了不同的发展可能，以及成长机遇。因为圈子里的人可能比你更加优秀，经验也更加丰富，他们总能影响并且帮助到你，让你的职业生涯更加通畅无阻，少走很多弯路。通过滚雪球式的经营，你能够接触到更多的人，了解更多的新鲜事物，从而开阔眼界，增长见识。

美国成功学之父卡耐基曾经说过：“决定一个人能否成功的主要因素，有85%来自他的人脉。”而按照乔·吉拉德的“250人法则”，只要你能够将自己的人脉圈子维持在250人左右，那么你的人脉资源将以几何位数不断扩大，这样就能够算得上优质了，因为圈子里的人要么和你在同一个水平线上，要么高于你。所以，当你的事业发展到一定阶段时，人脉所发挥的作用要远远超过你的个人能力。

人都带有社会属性，只要你生存在社会中，就必须融入到各种各样的圈子中。换句话说，你处在怎样的圈子中，就会拥有怎样的前途和人生。没有一个高质量的圈子，就很难将自己的事业提升到一个崭新的高度。当然，圈子并不是你追求功利的“工具”。虽然圈子文化本身就带有很浓厚的功利色彩，而且存在很明显的人情法则，但你要做的是将圈子当成自己学习和成长的地方。只要能够让圈子发挥积极的作用，它就会成为你向上的阶梯。

当你有了稳固的圈子之后，圈子里的朋友自然会将你带入其他圈子，去结识他们的朋友，你便会从中结识更多的优秀人才。这样便体现出“滚雪球式经营”的特点，只要你拥有的人脉圈子够广，那些圈子就会相互交叉，共同作用，让圈子发挥最大的功效。

如果一个人能够从一个圈子跳到另一个圈子，或者以一个圈子带动另一个圈子，然后再将它们整合在一起，形成一个共同体，那么他所拥有的资源和机会就会无限扩大。

“举”世“明”言

我们必须明白，人脉圈子不仅是一种潜在的无形资产，更是一种潜在的财富。它的价值要远远超过黄金，因为黄金有价，而人脉是无价的。

把“关系”变成办事资本

编织关系网，就像开发矿藏，开发得越多，你就越富有。

真正聪明的人善于把“关系”变成办事的资本，他们凭借自己的本领，最大限度地打通各个环节，以便为自己构建关系网。与他人建立“关系”的最终目的就是互帮互助。别人有难，不妨施以援手，这样在自己遇到困难的时候，别人才会挺身而出，雪中送炭。

三国时，汉献帝处在曹操的控制之下，并不甘心，他的舅舅（实际上是汉灵帝的母亲董太后的侄儿，汉献帝称呼其为舅）董承以他受了献帝藏在衣带中的密诏，要他设法杀掉曹操为由，暗中进行联络，刘备也知道此事，但他没有向曹操揭发。一天，曹操宴请刘备，对他说：“天下英雄，就是你和我曹操两个，像袁本初（袁绍，字本初）这种人，都是不足道的。”心中有鬼的刘备闻此大惊，以为曹操知道了什么，一时过于紧张，连手上的筷子都掉了，幸好当时打了一个响雷，刘备才借机掩饰过去。

这一来，刘备知道曹操并未小看自己，自己早晚会有危险，反倒更积极地参与了董承一伙的密谋，但当他们准备动手时，刘备正好到外地“出差”。结果，董承一伙未能成功，反倒被曹操发觉，曹操将他们一网打尽，只有刘备幸得不死。

建安五年（21年），曹操亲自出征，打败刘备，俘获了他的妻子，连刘备的猛将关羽也成了曹操的俘虏。刘备无奈，只好归附袁绍，袁绍亲自从邺城跑出20里地迎接他，他那些失散的部下也逐渐归集。这时，曹操与袁绍相持于官渡（在今河南中牟），关羽也乘机逃脱，回到了刘备身边。曹操打败袁绍，又进攻刘备，刘备招架不住，只好逃到荆州刘表那里。

好在刘备以前就与刘表的“关系”好，平时做好了人情，在关键的时候，刘表收留了他，并给了刘备一定的空间发展。倘若刘备平时没有建立与刘表的人际关系，恐怕他连立足之地都难以找到。

看看我们的周围，有人会问：为什么有的人办事顺利，一帆风顺？为什么我办事就处处受卡，麻烦不断呢？其实，答案很简单，一个人的交际力量与成事与否密切相关。这一点对我们实现目标来说至关重要。如果在人际交往方面下功夫，现实生活中的很多难题都可以迎刃而解。

凡是能办事的人，都具备这样的特点：他们人缘好，受人欢迎，办什么事都有人帮忙。这实际上就是我们通常所说的有关系。要注意的是，不要把“关系”想象成庸俗的幕后交易，实际上“关系”是我们每一个人安身立命的支撑点。若想成为一个办事能手，就必须学聪明人练就一双巧手，有属于自己的关系网才能达到事半功倍的效果。

“举”世“明”言

一个人事业的成功，15%基于他的专业技术能力，85%取决于他的人际关系，人际关系可以说是一座让人终身受用的富矿，编织关系网就如播种，你撒下的种子越多，收获也就越多。因此会办事的人，不仅重视和某个人建立关系，更重视和多数人搞好关系。只有搞好了人际关系，并善于利用人际关系，事情才能办成、办对。

自己走百步，不如贵人扶一步

人生需要高人指点，更需要贵人相助。

“贵人”可能是身居高位的人，也许是能左右掌权人物判断的人。这些人的经验、专长、知识、技能等在那个圈子里“名头”响，说话管用。一个人要想成大事，固然要靠自己踏实努力，但让贵人提携一把，有时可以省很多力。

有了贵人相助，的确对个人的事业有助益。有一份调查表明，凡是做到中、高级以上的主管，有90%都受过栽培；至于做到总经理的，有80%遇过贵人；自行创业当领导的，竟然100%都曾被不同等级、不同领域、不同身份的贵人提携与扶助过。

一个人光有才能还不行，还需要有人来给你提供发挥才能的平台。因此，结交贵人，借梯登高，是想要成功的人必须学会的一门学问。

这里需要提示的是：现代社会所认为的“贵人”，并不仅仅是指那些权重势强的权贵之人，而应在内涵上将“贵人”加以扩大，贵人也可以是指在层级组织中职位比你高且能帮助你晋升的人。有时你得费心地分辨谁具有这种能力。你或许以为，你的晋升概率取决于顶头上司对你评价的好坏，这种观念或许是正确的。但是更高的管理阶层可能觉得你的顶头上司并不值得信任，因而可能不在乎他的推荐和好恶。所以，在找贵人时，不要只看表面，要仔细深入观察，你将会找到能帮助你晋升的贵人。

话又说回来，如果一个人一无所长，是很难得到贵人赏识的。即使侥幸获得高位，也肯定有一堆人等着看笑话。贵人也会比较谨慎，选择一个“扶不起的阿斗”，那不明摆着往自己脸上抹黑吗？“相马相出一个癞蛤蟆”，那可是天大的讽刺。

受贵人相助，有利也有弊。因为有些贵人提携新人，是出于爱才，出于公心，但也有人是有私心的，为了培养班底，增强自己的势力。如果贵人倒台，身败名裂，你作为他的党羽，也要小心受到牵连，影响事业、财运或名誉。

有贵人相助，成功就会变得简单得多。所以，找到自己的贵人，并博得他们的信任和赏识，是成功的重要步骤。

如同天上不会掉馅饼一样，贵人也不会主动来到你的面前提携你，因此，贵人需要你主动努力才能找到。而找贵人，也要找得准确，才能对你起到真正的作用。

那么，如何发挥自己的主动性找到真正的贵人呢？

第一，要明确自己的目标。目标其实就是你自己要做成什么事或达到什么愿望。

第二，要分析哪些人能对你的目标和愿望的实现起到关键作用。其中，你可以通过自己的人脉网或其他途径，多方打探你实现目标和愿望需要哪些方面的人。然后，对这些人细加甄别，选中最直接、最有力量的人物作为“贵人”的锁定目标。

第三，对你锁定的“贵人”的信息详加分析，尤其是要注意以下内容：

他的喜好是什么——为你备好打动他的见面礼做准备。

他欣赏哪种类型的人——以便你投其所好地包装好自己的形象，为届时更好地与他相交谈做准备。

他的性格特点是什么——有人小心眼，你就要小心应对；有的人则大而化之，你大可与他开诚布公；有的人好大喜功，你在交谈时就可以多奉承他；有的人则喜欢实事求是，你则不可太过奉承他。

他目前最大的或最迫切的需要是什么——这样才能“牵牛牵住牛鼻子”，投其所好，让他对你另眼相看。

第四，就是具体地实施“拿下”贵人的计划。一般情况下，在不直接认识贵人的前提下，如果你自己直接登门拜见会显得太过突兀，你可以找个“中间人”，带你去拜见贵人。

只有多动脑筋，才能使你有效地找到真正的贵人，达成你的愿望，实现你的目标。

“举”世“明”言

遇到生命中的“贵人”，这是每个人都期望的事，因为贵人能够在适当的时候帮助自己。而“人脉”正是很多人日思梦想的潜在“贵人”，只有人脉资源丰富，这其中才有可能出现你的贵人。

没有帮手，你牛也是只“蜗牛”

如果没有帮手，你再牛，也是只蜗牛，而不是雄霸一方的犀牛。

在现实生活中，很多人都有“老子天下第一”的心态。首先，我们要对这些人表示钦佩，因为他们这种心态的形成源于他们的能力，比如敏锐的市场眼光、卓越的大局观、超强的创新意识和与生俱来的领导能力……可是，这些就能让你成功吗？就算你的能力过人，你的领导不重视你，你又能怎样？领导是人，七情六欲齐全，你无法左右他的喜好！就算你有经天纬地之才，偏偏碰不上伯乐，而没有遇见伯乐的千里马的价值跟骡子的价值是没有什么区别的。

你不明白你的问题出在哪里，这是因为你忽视了一个很重要却隐性的因素，那就是组织公民行为。组织公民行为，是考量一个人的柔性指标，比如你在组织中的人际关系如何，你对组织的忠诚度如何，你的奉献精神如何，等等。人际关系是组织公民行为的重中之重。也就是说，如果没有帮手，没有好的人际关系，你再牛，也是只蜗牛，而不是雄霸一方的犀牛。

放眼天下，篮球界中一枝独秀的莫过于飞侠科比。可是，如果让科比一个人对抗任意一支篮球队，他都不可能取胜。富豪比尔·盖茨若没有微软的100位副总裁，恐怕财富也会缩水不少。能人固然是能人，但若是没有人帮助，也建立不了一个团队，他所取得的成就即使再大，又能大到哪里去。而有人相帮的情况却大相径庭。以梁山集团为例，宋江是一个遇到大事就手足无措的总裁，口头禅是“如何是好”。幸好有梁山100多位中高层关键时刻总是说“哥哥休要惊慌”的辅佐，而西游课题研究小组的导师唐三藏，更是一位肉眼凡胎、凡事都要拖后腿的家伙，却在自己强悍的学生孙悟空、猪八戒、沙和尚的保护下，顺利完成西游课题，并将研究成果输送回大唐。

大家常说，人生如棋，却没有看到中国象棋的16名成员全部是互相依赖、互相帮助的。虽然它们也能各自独立作战，但互相帮助却能显著扩大自身的力量。车固然可以保护马，马也可以“看”住车，不让它平白遭受对方的攻击。士、象当然是将的心腹，随时要保护它。然而，紧急时刻，当士或象在将的行宫里受到袭击时，将也可以给予适当的保护，甚至奋勇地挫败来犯的敌人。卒的威力较小，然而在适当的场合，照样可以攻死对方的帅，或者保护自己的车、马、炮，依然有其发挥互助能力的时刻。

自然现象告诉我们：全体大于部分的总和，不同植物生长在一起，根部会相互缠绕，土质因此改善，使植物比单独生长时更为茂盛。两块砖头在一起所能承受的力量大于各自承受力的总和。这一原理也同样适用于人类：有人帮助我们，我们才能取得最终的成功。

说到马云，可以说无人不知，无人不晓。可是，有谁知道马云的恩人是谁？马云最应该感谢的一个是杨致远，一个是孙正义，还有一个就是公司CFO（首席财务官）蔡崇信。杨致远是雅虎的创始人之一。而马云第一次触网，看的就是雅虎网站，经营互联网由此成了马云的职业。杨致远第一次来中国，马云全程陪同。2005年7月1日，在比尔·盖茨和沃伦·巴菲特的私人聚会上，马云和杨致远还曾携手参加。很难想象，没有杨致远，马云能否有这样的机会。更重要的是，杨致远还为马云带来了雅虎中国和巨额资金——10亿美元！可以说，正是杨致远成就了阿里巴巴和马云。而在杨致远之前，阿里巴巴融到的两笔巨款——一笔2000万美元、一笔8200万美元，都是软银的孙正义资助的。因此，孙正义也是马云的恩人。2001年，马云拿到孙正义的2000万美元，阿里巴巴由此进入发展的快车道。2003年，马云与孙正义又一拍即合，进军C2C（个人与个人之间的电子商务）市场，孙正义拿出

8200万美元，淘宝网由此诞生。不过，雅虎的投资也好，软银的投资也罢，包括再早些的高盛的500万美元投资，阿里巴巴CFO蔡崇信都功不可没。蔡崇信出生于中国台湾，毕业于美国耶鲁大学，后来在中国香港做投资。本来要投资阿里巴巴，投资没成，后来干脆投身阿里巴巴。他的妻子对马云说，让他加入吧，否则他会后悔一辈子。

这些"恩人"也没白忙活，随着阿里巴巴的上市，孙正义的投资有了成倍的回报，杨致远仍在吃进阿里巴巴的股份，而蔡崇信的身价也随他的持股而暴增，成为阿里巴巴财富仅次于马云的人。

"举"世"明"言

"一个篱笆三个桩，一个好汉三个帮"，"落篱之下，独木成林焉能存"。草根也好，缙绅也罢，古往今来，没有一个人能单枪匹马闯出一个天下。要想成功就要找到自己的帮手。

没有陌生人，只有未认识的朋友

即使萍水相逢的陌生人，也有可能成为你明年的贵人。

防人之心不可无，所有人们紧守着"不要和陌生人说话"的戒律，不敢越雷池一步。但实际上，这个世界没有陌生人，只有未结识的朋友。在不涉及安全问题的情况下，放下矜持，走近陌生人，或者对不认识的人抱持一份爱心，你的朋友圈子会越来越大，路也会越走越顺。

人总是从陌生到相识，现在你遇到的某个陌生人，可能成为你日后的贵人。任何时候，谦逊恭敬地对待每一个人，你永远都不会缺少帮你的贵人。

在一个暴风雨的晚上，一对老夫妇来到一家旅馆，要求订房。

“很抱歉！”柜台一位年轻的服务生说，“我们这里已经没有空房间了。”老先生愁眉微锁，嘀咕道：“我们是从外地来的旅游者，人生地不熟。在这样的雨天，真不知道怎么办才好！”服务生知道现在是旅游旺季，附近的旅馆全部客满，要订到客房十分不易。想到老夫妇不得不在这样的大雨天出去找一个安身之所，服务生心里感到很难过。他不忍心让两位老人重新回到雨中去，便说：“如果你们不嫌弃的话，可以住在我的房间里。”

“但是……这太打扰你了！”

“我要在这里工作到明天早晨，请放心，你们不会给我造成任何不便。”服务生边说，边将酒店的值日表指给老人看，证明自己确实要加班，以打消他们的顾虑。老夫妇欣然应允，在服务生的房间里住了一晚上。第二天早上，他们想照价给服务生付房费。服务生婉言谢绝：“我昨晚已经赚到了加班费，请不必客气！”老先生感叹道：“你这样的职员是任何老板都梦寐以求的。我将来也许会为你建一座旅馆。”服务生笑了笑，认为这只是一个玩笑。

过了几年，服务生忽然收到一封老先生的来信，邀请他到曼哈顿见面，并附上了往返机票。到了曼哈顿，老先生将他带到一幢豪华的建筑物前面，说：“这就是我专门为你建造的饭店。你对它满意吗?”

许多年过去了，这家饭店已发展成为美国著名的渥道夫·爱斯特莉亚饭店。这个年轻的服务生就是该饭店的第一任总经理乔治·伯特。

乔治·伯特喜遇贵人，不是偶然的幸运，而是得益于他助人为乐的一贯作风。按中国的传统说法，叫作“好人有好报”。虽然在生活中不会有很多像乔治·伯特这么幸运的人，但以一颗诚挚的心去对待每一个人，乐于助人，相信你总会受到幸运之神的眷顾。

其实跟陌生人打交道并非你想象的那么难，所谓的陌生感和不安全感只是因为你和他没有交往，所以自己心生障碍。要打破这些障碍，你首先应该主动了解对方。

主动结交陌生人需要一些识人的本领。社会上确实存在着一些以诈骗为能事的恶人，但毕竟是少数，在安全的氛围和环境中，放下矜持，打破“不要和陌生人说话”的阻碍，主动去握他人的手，对他人微笑，会让你结识更多的朋友。

另外，你需要善待所有人，无论是心地善良的小姑娘，还是表情严肃的中年男子，抑或面孔狰狞的看似凶恶的人，当你与之相处的时候，拿出你的真心对他们好，他们一定会被你所感动。除此之外，在你力所能及的范围内，帮助那些有困难的人，上班的路上扶一位老人过街，公交车上给抱着小孩的人让座，在朋友陷入困境时慷慨解囊，在同事遇到难题时献计献策，都是助人的好事，功利一点儿说，你根本无法预料这千万件小事中究竟哪一件会在无意间成就你，或者助你一臂之力。

有一位女士，家境很优越，但是她的女儿患了一种重病，国内的很多名医都束手无策，只告诉她某位专门研究此症的瑞士名医可能会有办法。她不停地打电话、写信、托人，恳求名医帮帮她的女儿，但没有任何回应。这也难怪，对一个家庭来说，孩子的生死是头等大事，而对一位名医来说，有比这更重要的事。全世界有那么多需要救助的人，他怎么可能为某个人随意更改自己的工作计划。女士深知这一点，她的心情变得越来越沮丧。

一个大雨倾盆的下午，女士坐在床前，一面安抚痛苦呻吟的女儿，一面暗自哀叹自己的不幸。这时有人敲门，她极不情愿地打开门，看见一个又矮又胖、衣服湿透、样子很狼狈的男人，他说：“对不起！我好像迷路了。您能允许我借用一下您的电话吗？我想让我的司机来接我。”

女士冷冷地说："很抱歉！我女儿正在生病，她不希望有人打扰。"然后关上了门。

第二天，她在报上看到了一则有关那位瑞士名医的报道，上面还附有一张名医的照片。她赫然发现，原来他就是那个在雨中迷了路的矮胖男人。她居然将一个绝好的机会关在门外！名医，如果走进了她的家，看到了她可怜的女儿，情况也许就大不一样了。可她怎么知道这竟是命运之神送给她的一个机会呢？她真是追悔莫及。

你每天遇到的人中，必有一些人有能力改变你的命运，而且他们每天都在改变其他人的命运。只要其中一位对你另眼相看，你的一切便和现在大不相同了！但是，他有必要帮助你吗？你被他欣赏吗？假如你始终秉持一份好意待人，转运的机会就大多了。

可见，即便是对于一个陌生人，你也不应该吝啬你的帮助。也许，有一天，你曾经无意之中帮助过的一个陌生人就成了你的贵人。

"举"世"明"言

请珍惜每一位与你有一面之缘的陌生人。也许某一天，他们的一个电话、一封信函、一个建议或一份感激会改变你的一生。

与狼共舞，你才能成为"狼"

和什么样的人在一起，就会有什么样的人生。与狼共舞，你才能成为狼！

中国有首歌颂友谊的老歌，其中有一句歌词是"朋友多了路好走"，同时也教育我们"结识新朋友，不忘老朋友"。当然，这两句词在大多数情况下都是很有意义的，但在极个别的情况下——比如我们遇到了不可交的“坏朋友”，那就另当别论了。

对于每个人来说，朋友当然是多多益善，但并不是所有人都应该结交为自己的朋友的。结交朋友，应当尽量选择那些“良友”，他们能传递给我们正能量，让我们的心态和情绪变得积极，并且能在关键时刻对我们施以援助，这当然是再好不过的“良友”。虽然我们结交朋友并非只为了一个功利的目的，但能让我们上进的、向上的朋友，仍然是我们交友的首选。即使很少遇到这样的“良友”，我们结交的至少也应该是人品正直、德行良好的人。如果是品行不正、道德败坏的人，我们切不可因为面子问题而不好意思拒绝，而是一定要对这样的人说“不”；当然，那些思想消极、总是给人负面能量的朋友，我们也还是远离一些为妙。

为什么一定要和正能量的人在一起呢？据美国一项长达30年的跟踪研究发现，态度可以影响一个人的认知。充满正能量的人往往是乐观的，乐观不仅能使人的生活更加快乐、很少得病，而且能使人在工作和日常生活中对任何事情都充满斗志和信心；而总是以消极、悲观的态度看待世界的人，则不仅常常有身体和心理方面的疾病，且做起事来也总是犹豫、踌躇，更是常以消极的态度去处理事情，使事情最终朝着不好的一面发展。也就是说，跟正能量的人在一起，你会变得更加积极，做事更加努力，人生成就和幸福感也会大幅增加。所以，我们应当有所选择地交友，尽量向那些积极、正向的人靠近。

有个叫保罗·艾伦的年轻人，是一位十足的音乐爱好者，同时他对天文学也充满兴趣。在上中学期间，他每天不是沉浸在音乐里，就是对着天空发呆，而很少热情地与同学“混”在一起。因此，在同学之间，他被视为一个不善交际的人。不过，他也并非没有朋友，比他低两个年级的一位金发男孩就经常到班里来找他，因为他的父亲是图书管理员，金发男孩要通过他借一些最新的电脑书籍。

时间久了，艾伦觉得那个金发男孩是一个值得交往的朋友，于是经常跟他出入学校的计算机房，与金发男孩一起玩编程游戏。两人从“三连棋”一直玩到“登月”。临毕业时，他也成为一个仅次于金发男孩的计算机高手。

1971年春天，艾伦考入华盛顿州立大学，学习航天；次年，那位金发男孩进入哈佛，学习法律。在大学期间，两人依然保持密切的往来，金发男孩依然向艾伦借书，两人还是经常讨论有关编程的问题。1974年寒假，艾伦在《流行电子》杂志上看到一篇文章，是介绍世界第一台微型计算机的。他兴奋异常，因为在中学时，那个金发男孩就经常在他面前抱怨：“现在的计算机都太大了，不适合家庭。要是有一天能有可以放到家里的计算机就好了。”想到这里，艾伦立刻拿着那本杂志去了哈佛，对金发男孩说：“能放在家里的计算机造出来了。”金发男孩当时正为“是继续学法律，还是搞计算机”而苦恼。当他看到《流行电子》杂志上的那台所谓的家用电脑后，说：“你留下来吧，我觉得我们可以干一番事业。”

艾伦在哈佛所在的城市波士顿住了下来，并且一住就是八个星期。在这八个星期里，他和金发男孩没日没夜地工作，用BASIC（培基）语言编了一套程序，这套程序可以装进那台名为“Altair8008”的家用电脑里，并且能像汽车制造厂的大型计算机一样工作。当他们带着这套程序走进那家微型计算机生产厂家时，竟然得到一个意想不到的答复，给他们3000美元的基价，以后每出一份程序拷贝，付30美元的版税。

两个男孩大喜过望，他们觉得这条路可以持续发展下去，于是再也没有回到学校。三个月后，一家名为微软的计算机软件开发公司在波士顿注册，总经理是那金发男孩比尔·盖茨，副总经理是保罗·艾伦。

如今，两人成立的微软公司已成为世界上无人不知的知名产业，比尔·盖茨已成为人所共知的世界首富。艾伦虽然并不为众人所熟知，但他仍然是《福布斯》富豪榜上名列前五位的富豪，个人资产达210亿美元。

犹太经典著作《塔木德》中有这样一句话："和狼生活在一起，你只能学会号叫；而和那些优秀的人接触，你则会受到良好的影响。"当你和一个有想法、有才华、积极上进的人做朋友的时候，你会在其气场的影响下也变得积极。积极的心态引导你做积极的事情，随着时间的累积，怎能不成就一番事业呢？

可见，交朋友不是一件可以随性而为的事情，你所结交的朋友可能会间接影响你的生活、你的事业，甚至你的命运。世界潜能大师博恩·崔西曾说："不管你在现实生活或是想象中，你习惯与之相处的那些人，会对你想成为理想人物的目标有极大的影响力。"的确，常和雄鹰在一起的人，不会有麻雀一样渺小的志愿和能量；常和成功人士在一起的人，也不会甘心一辈子做一个平庸者。

"举"世"明"言

如果你想像雄鹰一样翱翔天空，那你就要和群鹰一起飞翔，而不要与燕雀为伍；如果你想像野狼一样驰骋大地，那你就要和狼群一起奔跑，而不能与鹿羊同行。和什么样的人在一起，决定你会有什么样的命运。

帮助别人，并借助他人的力量

帮助别人，也就幸福了自己。

在竞争越来越激烈的工作与生活中，很多时候已经不单是个人能力的比拼，还关系到良好的人脉关系网。一个人的人脉圈子需要自己去开拓和维持。你帮助别人，别人也帮助你，这样你获得成功的概率便会提高许多。

正如爱默生所说：“人生最美好的补偿之一，就是人们在真诚地帮助别人之后，同时也帮助了自己。”

有一位商人走在漆黑的街道上，心里一阵懊悔：“为什么出门的时候忘记带灯了呢?”

正在这时，前方突然出现了一点灯光，借着亮光，商人走到了灯光前，原来提着那盏灯的是一位盲人。

商人觉得很疑惑，于是问盲人：“你的眼睛根本看不见，灯对于你来说毫无用处啊！为什么你还要提着灯呢？这不是在浪费灯油吗?”

盲人听了，慢悠悠地说道：“我提着灯是给别人照明的，因为在漆黑的晚上，别人往往看不到我，走路会撞到我。我提着灯走路，虽然灯光不能帮助我把前面的路看清楚，却能帮助别人看到我，这样我就不会再被别人撞倒了。”

盲人的灯光为别人照亮了漆黑的道路，在帮助别人的同时，也保护了自己。这就像一句印度的谚语所说的那样：“帮助别人其实就是帮助自己。”

在日常工作或生活中如果能够给予朋友关心、支持和帮助，能够在对方困难之时伸出援手，那么当你遭遇到困境时，也会得到同样的帮助。

尼尔森是一位穷困潦倒的年轻人，可是他非常热心，总喜欢帮助别人。

一场暴风雨过后，尼尔森帮助路边一位抛锚的富翁更换了轮胎，富翁问他：“我应该支付您多少报酬？只要您说个数，多少我都愿意支付给您。”原来这位富翁有一份重要的合同要签，如果没有尼尔森帮他换轮胎，签约的事情肯定就搞砸了。

尼尔森回答说："如果您真想回报的话，那么在看到别人需要帮助的时候，只要伸出自己的援手就行了。"他并没有向富翁要一分钱。

富翁谈完生意之后，开车去了几十英里外的一家小咖啡馆。他刚刚签下一笔巨额订单，打算好好放松一下。当他看到女服务员挺着6个月身孕的肚子还面带微笑地给他端上一杯咖啡时，他的心里突然受到一阵感动，并且马上想到了尼尔森。

富翁在喝完咖啡之后，给了那位女服务员100美元付账，当女服务员给富翁找钱时，他已经匆匆离开了。这时候，女服务员才看到，富翁在餐巾上写下了这样一句话："有人曾经帮助过我，就像我帮助你一样，如果你真想回报我，那么请你去帮助那些需要帮助的人吧!"在餐巾下，还有4张100美元的钞票。

女服务非常感激，在回家的路上，她将其中100美元分给了路旁的乞丐，而剩下的400美元打算给自己的丈夫做生意。当她回到家里的时候，尼尔森快步迎了上来。

原来，这位女服务员正是尼尔森的妻子。

有时候，生活就像回音，你付出了什么，就会收获什么。在一本书上有这样一段话："当我们帮助他人的时候，我们付出的是自己对别人生命的爱，就仿佛给别人的生命之树捧一缕清泉。爱的感情是不竭的源泉，我们付出得越多，内心就越充盈，幸福感就越强。所以，助人不仅是付出，也是收获。"

哲学家说："一个孤独者，要么是野兽，要么是伟人。"就算你是伟人，也不可能孤独一人，你的身边总有亲人、朋友和其他的人。所以在现实生活中，你要学会帮助他人，并且学会借助他人的力量。这不仅是一种技巧，更是一种智慧。

奥地利作家茨威格在自己的著作中写道："单靠一个人的力量，恐怕很难应付生活中的各种麻烦，所以我们需要别人的帮助，也需要帮助别人。”帮助别人也是建立自己人脉圈子的过程，不过即使帮助他人也要讲究分寸，否则只会适得其反。那么，我们应该如何恰到好处地帮助别人，或者说，怎样帮助别人才能让自己受益呢?

1. 一定要真诚

你在帮助别人的时候，一定要真诚，要发自内心地给对方切实的帮助，千万不要给别人“有目的”的感觉。这样才能让对方愉快地接受，也才能让自己得到心灵的满足。

2. 多为别人考虑

如果你的帮助没有站在对方的位置上进行思考，很有可能会出现适得其反的效果。所以，为了不出现好心办坏事的情况，你必须多为别人考虑，站在对方的立场上去思考问题。

3. 给对方一些有用的建议

当别人有问题来征求你的意见时，不要随随便便地说“是”或者“否”，而应该进行合理的分析，并且给对方一些中肯的建议。只有这样，你的帮助才具有现实意义，否则都只是纸上谈兵。

“举”世“明”言

一双手也许只能托起一个婴儿，一颗心的温度可能只有自己感受得到，一滴水本来微不足道，可是，手拉手携手共进就能筑建爱的长城。

“李”氏讲堂

套公式说话的语言规律

在人际交往时，把话说好没你想象的那么难！只要学会套公式，就能克服心理障碍，轻松掳获人心！

1. 重复公式

一句话一经重复，就能增强人的记忆并提供丰富的联想。这是一种比创造惊喜还要简单的方法，并且适用于任何场合。

（1）与领导交谈，巧用重复公式。通常为了强调某个意思，突出某种感情，我们都会有意重复使用某些词语或句子。例如，鲁迅在《纪念刘和珍君》中写道：“沉默啊，沉默！不在沉默中爆发，就在沉默中灭亡。”“我们还在这样的世上活着；我也早觉得有写一点东西的必要了。离三月十八日也已有两星期，忘却的救主快要降临了罢，我正有写一点东西的必要了。”这种重复方式在说话中的运用，能够让我们在和领导交谈时锦上添花，收到良好的表达效果。

在和领导说话时使用重复的修辞技巧，认真思考其中的精妙之处，多加练习，才能收到锦上添花的表达效果，否则，就会给领导留下一个华而不实或者重复啰唆的印象。

（2）宣传产品时。想让产品更好地为大众所知，最好的营销办法就是广告。如果能将条件反射的这种人体心理特征与广告语相结合，再加上传播上的重复刺激，就可以收到良好的营销效果。

例如炫迈口香糖，它的广告很简单：无论广告中的主人公是谁都会反复出现“根本停不下来”这句话。单看这句话本身虽没有亮点，但经过一段时间的重复播放后，已经给大众留下深刻的印象，确实达到了一定的效果。超市收银台旁的货架上都会摆放口香糖，结账等候时，人们看到口香糖，脑海中就会想起炫迈及那句“根本停不下来”的广告语。

消费者对品牌的认知，就和孔子对琴曲的认知是一样的，从陌生到熟悉，再从熟悉到新鲜，都是由内心而生的。

从陌生到熟悉的过程，需要我们重复地向消费者提示我们的品牌，让人们渐渐产生信任感和亲切感。

一说到脑白金，大多数人肯定会想起那对让人爱恨交加的老头儿老太太。2015 年，脑白金两个老头老太的广告刚在屏幕上播放时，一时间占据了各大电视台黄金时间段，在全国刮起了“脑白金风”，那句“今年过节不收礼，收礼只收脑白金”俨然从一句广告语演变成了路人皆知的流行曲。

对于这种持续不断的重复刺激，从理论上来说，我们需要在传播层面达到这样一种递进的效果：每一次传播都要引起消费者对产品的关注，直到最后消费者对产品产生信任。

简单地说，就是要消费者接触足够多的视觉广告，从而促使消费者对产品形成依赖。这种关系一旦确立，就形成了消费者与产品一对一的关系。

2. 效益公式

所谓的效益公式是针对自己所主张的观点或是推销的产品，提出对听众有直接或间接效益的问题，让听众在聆听时，就能接收到对自身有好处的声音，进而发挥语言的穿透力及影响力。

要使提问达到预期目的，必须做到以下几点：

(1) 一般提问。据社会学家分析，任何发问都适用于一般提问方式。这种提问方式可以调动对方回答的积极性，满足对方渴求嘉许与肯定的心理。如果使用一般提问方式时能配以赞许的笑容，效果会更好。

(2) 选择提问。提问要有所选择，不要提出明知对方不能或不愿作答的问题。开始提问时不要限定对方的回答范围，也不应随意搅乱对方的想法。

(3) 真诚提问。不要故作高深、盛气凌人、卖弄学识，要给人以真诚和信任的印象，只有形成坦诚信赖的心理感应和交谈气氛，交谈才能正常愉快地进行。

(4) 续接提问。如果一次提问没有达到问话目的，运用续接提问是较为有效的方式。例如，你可以继续问“你是如何想办法的”“为什么会这样呢”，或者以适当的沉默表示你正在等待他进一步回答，使对方在宽松的气氛中更详尽地讲述你想知道的内容。

（5）因时提问。提问要看时机。说话的时机，就是说话的环境。它包括两人所处的自然环境、社会环境、语言环境和心理环境。一般来说，当对方很忙时，不宜提与此无关的问题；当对方伤心或失意时，不要提会引起对方伤感的问题；在业余时间里同医生、律师等谈话，也不要动辄请教有什么病该怎么治或有什么纠纷该如何处理，对于这类过于具体的问题，人们在大部分情况下，往往是不愿涉及的。所以，提问要像屠格涅夫所说的那样："在开口之前，先把舌头在嘴里转十个圈。"这样一来，你的提问才能得到满意的回答。

（6）适当提问。提问一定要得体，便于对方回答。提问能否得到完满的答复，在很大程度上取决于怎样问。适当的提问，能使人明知其难也喜欢回答。当我们需要对方毫不含糊地做明确答复时，适当提问是一种较理想的方式。

总之，提问是开启对方话题的金钥匙。提问要形象、贴切，不可生搬硬套。提问是主要，说明问题为次要，说明问题只是为提问服务。

3. 用话题公式

话题公式是指察言观色，以话试探，从对方的角度出发，寻求共同点，从而抓住交谈的话题，赢得话语权。话题公式的表现形式多种多样，可以引用自己的故事，也可以用提问的方式，更可以运用事例来引导，等等。不过这要求实施者要掌握多方面的知识和大量材料。

假如你正坐在火车上，而且你已经坐了很久了，但还有很长很长的路程，你就会想与他人讲讲话，这是人类的群体性，你要尽力使你的谈话显得有趣和富有刺激性才有可能实现交谈。

坐在你旁边的这位像是一个有趣的家伙，你颇想知道他的底细，于是你便搭讪道："对不起，你有火机吗?"

可是他一句话也不讲，只是点点头，从口袋里掏出火机递给你。你点了一支烟，你在还给他火机时说了声"谢谢"，他又点了点头，然后把火机放进了口袋里。

你继续说："真是一段又长又讨厌的旅程，你是否也有这种感觉?""是的，真讨厌。"他同意了，而且语调中包含着不耐烦的意味。"若看看一路上的稻田，倒会使人高兴起来。在稻谷收获之前的一两个月，那一定更有趣。"

"唔，唔!"他含糊地答应着。

这时你再也没有勇气说下去了。你在农业方面，给他一个表现兴趣的机会，他若是个农夫，接下来他一定会发表一番他的看法。

假若一个话题能引起他的兴趣，那么无论他是如何沉默的一个人，他也是会发表一些言论的。因此你在谈话停滞之时，思考了一番后，又重新开始了。

"天气真好，爽快极了!"你说，"真是理想的踢球时节。今年秋季有好几个大学的球队都很出色呢!"

那位坐在你身旁的乘客直起身来。

"你看理工大学球队怎么样?"他问。

你回答："理工大学球队很好，虽然有几个老将已经离队，然而几位新人都很不错。"

"你听说过一个叫李刚的队员吗?"他急着问。

你的确听说过这个球员，你猛然发现此人和李刚长得很像，立刻毫无疑问地判断李刚定是此人之子。于是你说："他是一个强壮有力、有技巧，而且品行很好的青年。理工大学队如果少了这位球员，恐怕实力将会大减。但是李刚快要毕业了，以后这个队如何还很难说。"

这位乘客听了这话便兴高采烈、滔滔不绝地谈了起来。

这就是巧妙借用话题公式与对方畅谈的最佳例子。

4. 钟摆公式

钟摆公式就是针对相对立的观点，将多方想法融合，提出一个合理且中立的选项，以此作为中心，化解僵局并主张多元化观点，从而创造相互尊重的双赢局面。

在运用钟摆公式的过程中，尽量从公正的角度出发来进行劝解。不过，劝解时要注意，态度要委婉，千万不能过于强势、直接，否则，不但有可能解决不了问题，还会给自己招来麻烦。

(1) 想要避开敏感话题时。“敏感话题”有时也意味着它是“两难”问题，就是不论你回答“是”或“否”，都可能给你带来麻烦。很多时候，提出这种问题的人总是别有用心，话中有话，听出对方的弦外之音是难点之一。回答这种问题，“左”也不是，“右”也不是，该如何选择是难点之二。如果问题来自你不能得罪的人，或者在公众场合被问到，更会让你的回答难上加难。所以，在回答此类问题时要有适当的方法。

方法一：回避正题。在那些不宜完全根据对方的问题来答话的场合可采用回避正题的模糊回答，它能让你巧妙避开对方问题中的确指性内容，让对方感觉你没有拒绝他的问题，但又不是他期望的答案。

方法二：假装糊涂。两难问题中有一种复杂问语，是指利用“沉锚效应”，隐含着某种错误假定的问语。对这种问语，无论采取肯定还是否定的答复，结果都得承认问语中的错误假定，从而落入提问者的圈套。如一个人被告偷窃了别人的东西，但他又死不承认偷过。这时审问者便问：“那么你以后还偷不偷别人的东西?”无论其回答“偷”还是“不偷”，都陷入审问者问语中隐含的“你偷了别人的东西”这个错误假定中。因此，对这类问题，不能回答，只能反问对方，或假装糊涂，不明白对方的意思。

方法三：自嘲圆场。有时一些两难问题被问及，无论怎样回答都会让人觉得脸面无光。此时不妨自嘲一下，给自己圆圆场。例如，某先生酷爱下棋，但又死要面子。一次与一高手对弈，连输三局。别人问他胜败如何，他回答道：“第一局，他没有输；第二局，我没有赢；第三局，本是和局，可他又不肯。”乍一听来，似乎他一局也没有输：第一局他没输，不等于我输，因下棋还有个和局；第二局我没赢，也不等于我输，还有和局嘛；第三局也不等于我输，本是和局，可他争强好胜，我让他了。

方法四：迂回出击法。现实生活中对于一些不能得罪的人提出的难题或者无理的要求，不要急于做正面反击。可以采取迂回的技巧，避免与对方正面冲突，在抓住对方漏洞的前提下，不动声色地反击，反败为胜。

方法五：相似问题反击。面对别人的刁难，面对两难问题，有时不必苦思冥想，只要采用与他相似的问题进行反击，以其人之道，还治其人之身，让对方掉入自己设计的圈套，就能使自己轻轻松松解脱。

方法六：巧用对比。有些问题，如果直接回答，无论是哪种答案都不妥，这时，巧用对比不失为一种解脱的好办法。最好能选用一些人们熟悉的事物进行对比，重要的是这些事物还恰恰能包含或说明自己的观点或态度。

对于非“左”即“右”的问题，切忌在对方问题所提供的选择中做单一选择，因为无论是“左”还是“右”，都正中了对方的圈套。

(2) 需要居中协调时。在处理纠纷时，肯定双方是前提，这样双方才会觉得你是公正的。接下来，你再想办法具体解决纠纷。否则，一开始你没有表明态度，争执的双方很可能拒绝接受你的调解。在解决此类问题时，有如下几种方法可供参考：

①不偏不倚，肯定双方的观点。

有时候，争执双方的观点明显不一致。这时，如果你能把双方的分歧点分解为事物的两个方面，让分歧在各自的方面都显得正确，将是一个好办法。

②适当地褒一方，贬一方。在调解矛盾时，可以考虑主攻一方，对一方当事人进行夸奖，讲述他曾经有过的可引以为自豪的事情，使之为了保全面子，主动退出争执，约束自己。这种方式对于绝大多数爱面子的人非常有效，因为颜面往往是他们约束自己的动力。

③唤起当事人的荣誉感，让对方自动放弃争吵。调解者应该适时点明

争吵者引以为豪的地方，唤起他的荣誉感，使他认识到作为一个受人尊敬的人，应该克制自己的情绪，用理智来解决问题，这样才无愧于自己的荣誉，于是自觉放弃争吵。

④提出稍稍折中的意见。作为夹在中间的第三方，想和平调停的话，固然可以同意其中一方的观点，但也一定要让另一方保全面子。把双方的意见做个折中，就可以达到这个目的。

第八章

经营财富——从“第一桶金”到“桶桶赢金”

面对激烈的社会竞争和经济竞争，没有对金钱的嗅觉，缺乏赚钱的本领，是不会取得胜利的。一般而言，对金钱的嗅觉包括诸如心理的、言语的、交际的等方面，是一种适于经济竞争和社会竞争的综合素质，并不限于精通一门技艺。

增强自己驾驭财富的能力

财富是能量的结晶，也是爱的外化。

人人都觉得钱是个好东西。尤其是在当今的商品经济社会，有钱几乎成了成功的代名词。前一阵子有外国机构在全球做了个民意调查，结果认同有钱等于成功的比例，中国受访者最高。现在的中国，俨然成了金钱社会。

然而，如果没有足够的定力、禀赋、品格和智慧，有钱，跟成功其实没有多大关联，它带来的不一定是幸福，却极有可能是灾难。

设想一下，作为一个有钱人（指的是在自身所处的阶层达到了财务自由），只要钱可以买到的东西，都有能力去购买；钱一时无法购买到的东西，也会想办法去拥有。这当中，抛开奢侈、浪费不提，只是论这个欲望的满足，就会生出无数是是非非。有的人说，人生在世，唯“吃喝”二字；有的人说，人生四事，不过衣食住行；又有人说，食色，性也，“食色”这二字，才是人的本性所在。就以上述这些人生“大义”而言，有了钱财后，没有定力的人很可能在阴沟里翻船。没有钱的时候也不作奢想，一旦有钱便蠢蠢欲动，只管吃喝玩乐，灯红酒绿，一旦沾染上这些乌烟瘴气的习气后，享乐几年下来，身体垮，精神废，还有可能导致妻离子散，悔不当初。

再者，一旦一个人有钱了，各色人等会自发地依附上来。中国人一向有“独乐乐，不如众乐乐”的传统观念，亲朋好友一看你的生活明显提升好几个档次，爽直的人会张口请求你的帮助，拒绝他们就等同于和以往生活决裂；迂回的会用各种借口、理由甚至项目为饵想要从中分一杯羹；除此以外，各类专门以打秋风或分肥肉为职业或兼业的人也会粉墨登场，声情并茂地向你推销各种机会、各色方案，说明白点就是想从中渔利，哪怕当中真有非常好的机会或极佳的项目，考虑到合作磨合、团队组建以及运营，坦白说，假若不是比较专业的投资者或从事管理的熟练老手，你想从立项到成功的概率能有多大呢？钱撒出去后，自己根本无法掌控，想要挣回来谈何容易！不管任何一个细节出现纰漏，都有可能让你的真金白银打了水漂。

因此，在拥有大量金钱之前，请对自己的禀性与定力进行严格的修炼。否则，有钱并不意味着成功，也不意味着幸福，它极有可能变成祸害。近日读到一则时事新闻：湖南有个在浙江打工的小伙子，中了1000万元福利彩票，兑奖后扣除个人所得税实得800万元。这个人最先有感于老家的道路不便，决定为老家农村修条“福彩路”，但拿到钱之后，他的这一主意发生了变化。他做的头事不是修路，而是休妻，然后花费近100万元购置房车，剩下的700万元在随后的三四年中被一帮“帮闲”牵引着挥霍干净，最终实在没办法维持富足的生活，只得抵押了房车，再后来开始透支信用卡，采用办理多张卡拆东墙补西墙的方式，一直持续到案发时已欠款五六十万元。他自知这辈子恐怕再也还不起这笔钱了，决定逃走。只是并非开溜就可以重新做人的。他还是被警察网上通缉了，接着被警察抓住。被抓时身上还剩下80元现金。真是应了那句“千金来了复散去”。

俗话说，没有金刚钻，别揽瓷器活。没有控制巨额资产的能力，先不要千辛万苦、千方百计甚至千谋万算地求发财。

俗话说“肥水不流外人田”，传统生意人讲究的是“生意兴隆通四海，财源茂盛达三江”。明清时期的“徽派建筑”，发明了天井这种建筑构造，寓意四水归堂，水不外注，财不外流。在古老智慧中，都把财富当成了水流。而似水漫流，的确是财富最典型的特性。财富如水，无形无性，逢山绕行，遇低则就，一切按商界（自然界）的规则运行。一个人有了巨额的财富，犹如浮游在一片汪洋当中，没有水性，立马被淹，水性不好，也有可能连连呛水终至被逼上岸。一句话，有什么样的水性，玩什么样的水池；有什么样的能力，把控什么样的财富规模。没有那个水平，别奢望发什么大财。即便发了财，终会一场空，甚至还不如不发财。所谓过犹不及，就是如此。

“举”世“明”言

一个人的地位和财富，要和他的内心力量相匹配，其地位和财富才可以长久地持有。否则，终是一场空。

借他人的“钱袋”，发自己的小财

钱就在你的身边，你用就是你的。

现代创富心经告诉我们：大举债也能大发财。这就是新时期的借鸡生蛋论。

1. 借来的钱也要能赚钱

传统观念认为，举债和发财是不可协调的矛盾体，假若办得到，就记住不欠外人的钱。为了买东西，你应当首先存足了钱，之后再去购买。大多数人深信不疑的是：借债是件不好的事，一定要尽可能去避免。但美国亿万富翁马克·哈罗德森却说：“别人的钱是我成功的钥匙。把别人的钱和自己的努力结合起来，再加上你自己的梦想和一套奇特而行之有效的方法，然后，你再走上舞台，尽情地指挥你那奇妙的经济管弦乐队。结果，富人会认为这只不过是雕虫小技，或者说只不过是借别人的鸡下了个蛋，然而，世人却认为你出奇制胜，大获成功。因为，人们根本没有想到，竟能用别人的钱为自己做买卖赚钱。”

但不是所有借来的钱都能让你赚到钱，关键看你用借来的钱做了什么，也就是哈罗德森所说的“自己的努力”有几分。我们可以将借债分为两类：消费借债和投资借债。比如你想买一款名牌手机，但手头的现金不够，这时你去向别人借钱，这就发生了消费借债。这种借债行为在满足了你的消费欲望之后，也使你要为之付出高额利息。到期你不仅要还本，还要付息。

但假如是投资借债，就应该另当别论。因为此时借钱不是为了满足近期的消费需要，而是为了创造最终的财富。比如，经过认真评估与财务咨询之后，坚定不移地认定，凭你的业务能力，假如买一台电脑操纵的印刷机，就可以大大提高印刷产量，招揽更多的顾客上门，那么你就不要因循守旧，耽误时机，而是要尽快购买，避免等待。不管你手头的钱是否足够，你都要尽快购入。假若此时你还在想“还是等赚足钱再买吧”，就需要再等待一段时间，你的业务就很难有所进展，也会让对手有机可乘，反而是百害而无一利。这时，马上去举债，才是一项高明的决策。

也许你会认为，不借债是自己有责任心的表现，可以让自己免除债务风险。这种老观念与当下的形势已经脱轨了，长此以往，很容易让你错失发展的新机会。因此，要想让你的事业飞速前进，你需要在必要的时候扩展业务，举债不失为一种使你的事业从地面起飞的好方法。

2. 谨记：没人借钱给穷人

广义上的“穷人”可以有两种：一种是温饱堪忧的穷人，另一种是此时很急迫需要用钱却没有募集到足够金额的人。这两种人都是有举债需求的人，但问题是，没人愿意借钱给前者。比如，银行是专门做与钱有关的生意的，低价吸进来，高价贷出去，所以它会很乐意借钱。但是这些钱却不是用来救穷的，而是用来救急的。也就是说，银行只会贷款给后者。如果你能用借来的钱赚钱，它才敢借钱给你。

贫穷者很难给人以信心，没有信心别人就不会把钱借给你，救急不救穷，这是很简单的道理。其实，你越显得有钱，对方越愿意借钱给你。

阿克森从一无所有的穷律师到家财亿万的巨富就是依靠借钱发的家。白手起家的阿克森，原本只是一位普通的犹太律师，有一天，他突然想到借用银行的钱可以赚大钱。说做就做，他很快找到一家银行的借贷部经理，声称要借一笔钱修缮律师事务所。因为他在银行里人头熟、关系广，因此当他走出银行大门时，手里已经拥有了1万美元的支票。阿克森一走出这家银行，紧接着又走进另一家银行，在那里，他存进了刚才借到手的1万美元。这一切一共才花费了1个小时。

紧接着，阿克森又走进了两家银行，重复了刚才发生的一幕。这两笔共2万美元的借款利息，利用他的存款利息充顶，也仅仅差了一些。过了几个月之后，阿克森就将存款取出来还债。从此以后，阿克森在更多的银行进行短期借贷与提前还债，而且数额逐年增加。不到一年光景，阿克森的银行信用已经“十足可靠”，凭借他的一张签条，轻松借到10万美元以上，他用贷来的钱购买了费城一家濒临倒闭的公司。几年之后，阿克森摇身一变成了费城一家出版公司的大老板，并且拥有了1.5亿美元的资产。

阿克森用这样的方式累积自己的信用，就是为了显得很有钱，资金很雄厚。如此一来，银行才有可能把大笔的贷款批给他，而他也才能投入到自己的事业所需上。所以当你需要借钱时，千万不要用自己的急迫去打动别人，而是应该千方百计地表明自己有足够的偿还能力。

不过，举债毕竟有一定的风险，你必须有足够的条件和信心让借来的钱增值，否则忐忑不安的借债只能徒增心理压力。

“举”世“明”言

积累财富，并不是只顾实行自己的构想，而是巧妙地运用他人的金钱，以创造另一番事业。没有能力买鞋子时，可以借别人的，这样比赤脚走得快。

收入越高，财富未必越多

财富不是你能赚多少钱，而是你赚的钱能让你过得有多好。

我们总认为财富来源于收入，收入越高，那么财富也就越多。现实生活中却经常看到这样的情况，赚得多的人不富，赚得少的人不穷。为什么会出现这样的情况呢？很大程度上是因为大家忘记了还有支出这一项。

1. 赚得多的不富，赚得少的不穷

我们经常听到有很多拿着高薪的白领哭穷，他们拿着上万元的月薪却还是经常过着“月光”的生活，更别提为将来结婚、买房以及养育子女做准备了。而一些过得和和美美的小家庭，夫妻双方工资都不高，却又能还房贷，又能为子女准备教育基金，还可贴补双方老人。这样的情况看起来真是矛盾了。

实际上，很多人只会挣钱，不会花钱。他们认为只要挣得多就行，挣得多了肯定能存下钱，但却不知决定财富的不是收入，而是支出。支出就像流出去的水，一旦流出去，就像没有来过一样，所以，挣多少钱不是衡量财富的标准。

美国一家十分著名的调查公司做过一项调查统计，结果令人非常吃惊：人类70%的烦恼都跟金钱有关，而人们在处理金钱时，却往往十分盲目。

盖洛普民意测验协会主席盖洛普·乔治说，研究显示，大部分人都相信，只要他们的收入增加10%，就不会再有任何财政的困难。美国预算专家爱尔西·史塔普里顿夫人曾担任华纳梅克百货公司的财政顾问多年。她曾以个人指导员身份，帮助那些被金钱烦恼拖累的人。她帮助过有各种收入的人——从一年赚不到1000美元的行李员至年薪10万美元的公司经理。她说过这样一段话：“对大多数人来说，多赚一点钱并不能解决他们的财政烦恼。”事实上，人们经常看到，收入增加之后，并没有什么帮助，只会徒然增加开支——增加头痛。她说：“使多数人感觉烦恼的，并不是他们没有足够的钱，而是不知道如何支配手中已有的钱。”

缺乏合理支配金钱的能力才是高薪人士总哭穷的原因。他们只看到自己的收入有多高，却忽略了自己的支出更巨大，所以才会在入不敷出时突然发现自己是个不折不扣的穷人。所以，收入未必就决定了一个人的贫富，支出才是一个关键因素。

2. 合理支出，把钱用在刀刃上

收入多并不能代表你就有钱，关键是要会花钱，把钱用到刀刃上。

众所周知，泰森是全世界著名的拳王，20岁时就获得了世界重量级冠军。在他20多年的拳击生涯中，总共挣了4亿多美元。但是他生活极为奢侈、挥金如土：泰森有过6座豪宅，其中一座豪宅有108个房间、38个卫生间，还有一个影院和豪华的夜总会；他曾买过110辆名贵的汽车，其中1/3都送给了朋友；他养白老虎当宠物，最多的时候养了5只，其中有两只价值7万美元的孟加拉白老虎，后来因为法律不允许才作罢，付给驯兽师的钱就有12万美元；他曾经在拉斯维加斯最豪华的酒店包下了带游泳池的套房，一个晚上房租就达15000美元，在这样的套房里点一杯鸡尾酒就要1000美元，而泰森每次放在服务生托盘中的小费都不会少于2000美元；在恺撒宫赌场饭店，泰森甚至带着一大群他叫不出名字的朋友走进商场，一小时就刷卡50万美元，自己却什么都没有买；就在他申请破产之前，他还在拉斯维加斯一家珠宝店中买了一条镶有钻石的价值17万美元的金项链。由于挥霍无度，到了2004年12月底，泰森的资产只剩下了1740万美元，但是债务却高达2800万美元。2005年8月，他向纽约的破产法庭申请破产保护。

我们很多人没有泰森有钱，但却有泰森的花钱习惯。所以，如果下一次你又感觉自己生活拮据的时候，不要再嫌自己挣得少了，先来看看自己的花钱习惯。坏的花钱习惯，决定你一生也不可能成为富人。花钱就像流水，只要你还是这样不计后果，没有规划地花钱，就算是金山银山也会在瞬间消失。常听人们说“挣钱不容易，花钱如流水”就是这个意思。

为自己制订严格的支出计划，能够节省的地方就尽量节省。其实也没有想象中的那么难，你只需要在购物时多问自己一个问题：这个东西我不买可以吗？如果回答是可以，那么就不要购买。

当然，把钱花在刀刃上也并非告诉你时时都要抠门吝啬，该有的娱乐休闲花费一样也不能少，你要做的只是规定这些花费在你所有资金中的合适比例，按计划花钱，才能既享受乐趣，又不在将来需要时才发现钱袋空空。

“举”世“明”言

会赚钱是一种能力，会花钱是一种态度，而大多数时候，态度决定命运。

学会赚钱，更要学会花钱

人不能一辈子都打工，懂得赚钱的同时更应该懂得花钱。

既然你已经理解了钱作为"钱"的重要性，就应该开始注意你的开支。没有计划和花费，是对于你辛苦劳动的否定。

在小说中、电影里，常常有那种无法管理开支的角色，他们给了我们许多有趣的笑料。《与父亲一起生活》里所描写的母亲每个月把家庭预算弄得一团糟，引起了不必要的争执，父母在母亲节那天却表现出了最好的风度，很值得一笑。狄更斯笔下浪费成性的麦考柏先生，也是文学史上最使人喜爱的角色之一。我们还都会取笑那位老绅士——在《你无法把钱带在身边》里——他决不相信所谓的所得税，而且拒绝缴付。这些角色集财迷和不负责任的个性于一身。但是，在现实生活里，没有其他事情会比财力上的失误更使人伤心或是讨厌的了。无法合理开支、时常入不敷出的人无法逗人发笑。至于脑筋糊涂、奢侈浪费的妻子，则更不会引起我们的喜爱。

我们每天都有不小的开支。现在，我们的钱所能买到的东西，比起十年前少得多了。住房不断涨价，汽车也是一个长期的负担。孩子所需要的教育费，家人的膳食费，一天一天的积累，每一项都那么复杂和昂贵。即使你的工资也在增长，也不会减轻你的负担。艾尔西·史泰普来顿曾经担任华纳莫克和吉姆贝尔百货公司职员和顾客的财务顾问。他认为，对大部分人来说，增加收入只是造成花费的增加而已。所以，开支的问题并不会因为收入的增加而得到解决。

因此，我们需要有计划地，或是有预算地进行花费。这可以保证你和你的家人从你的收入里得到平等的分享。预算并不是一件束缚行动的紧身衣，也不是毫无目的地把花掉的每一分钱都做个记录。预算发生在开支之前，它是一张蓝图、一个经过计划的方法，用以帮助你从你的收入中得到更大的好处。正确的预算方式，将会告诉你如何达成目标，而且用最经济的方式。

下面，有几个很好的方法，教你如何进行开支的预算。

1. 了解你的支出状况

我们必须先了解情况，才能改进情况。这样，我们就可以知道在何处删减，为什么要删减，以及删减什么。节约成为有针对性的，也就易于完成了。不妨先试试记录下自己一个月来的开销，看看有什么可以修改的。

约翰·D. 洛克菲勒就是一个“不可救药”的记账专家。他喜欢按月把他的花费记录成一张整齐的单子。每年一次，他就把这些每月的花费加起来。通过记录下来的结果，他能够很精确地告诉你，于××年他在食物方面花了多少钱，或在燃料费、水电费、娱乐费等其他方面花了多少钱。他甚至还可以使用这些记录，查出家庭生活费增加的情况。当然，这项工作不需要维持太久，一旦你知道你的钱花到哪里去以后，就不必再做这种记录了。

2. 根据自己的实际情况，制订出适合自己的预算

了解以后，就该行动了。首先，把你这一年里固定的开销列出来——房租、食物预算、水电费、保险金等。然后计划你其他的必要开销——衣服、医药费、教育费、交通费、交际费，等等。拟订计划是一项需要决心、家庭合作，有时候还需要严谨的自制力的工作。我们必须决定什么东西对我们最重要，而牺牲掉最不重要的东西。为了拥有一个舒适的家，你可能得放弃买昂贵的衣服，但为了一套你必须拥有的衣服，你可能就得牺牲你的空调了。每个人的情况都不相同，所以这必须由你和你的家人自己来做决定。

3. 学会积累

小钱可以攒成大钱，每个人都知道；但要实行，就有了困难，这需要持久的毅力和不变的决心。如果你把每年收入的10%储蓄起来，虽然物价高昂，或在经济不景气的年头，不到几年你就可以获得经济上的舒适。请注意，即使当你非常需要钱用的时候，也尽量不要动用储蓄的钱，这对于你长期维持储蓄的计划十分重要。

4. 留一笔紧急备用的资金

每个家庭都会遇到紧急的事件，这些事件又往往需要一大笔钱。大部分的预算专家都劝告每一个家庭，至少要存下1~3个月的收入，用于紧急事件。不要试着存太多的钱，不然你将难以保持，结果是——根本就存不了钱。不如固定地存上一点，效果会更好。

解决紧急事件的困扰，另一个好的办法就是保险。比如，经过人寿保险，你的家庭能够得到一些基本的保障；为了减轻负担，你的分期付款将比今后可能的一次性付款更划算；如果一个家庭成员太早去世了，人寿保险就可以保护这个人的家庭；如果他活着要享受余年，人寿保险就可以供给他独立的基金。这些问题，以及其他许多相似的问题，对于你的家庭都非常重要。

如果你从没有做过预算，就应该马上开始学习如何处理家庭财务的预算问题。金钱并非万能，这句话可真不错。但是，如果知道如何聪明地处理我们的金钱，就可以带给我们的事业和家庭更多心境的安宁、幸福与利益。

“举”世“明”言

赚钱和花钱，就像一枚硬币的正反两面一样，都属于理财的范畴。赚钱需要开源，而花钱需要节流。在任何时候，开源节流都是我们应该坚持的对待财富的不二法则。

你不理财，财不理你

吃不穷，穿不穷，算计不到才挨穷。

理财除了可帮薪水族创造财富外，还可以帮助平凡的人创造机遇。理财就是懂得如何以钱赚钱，这样累积财富的速度远比靠着每月微薄薪水、节衣缩食度日来得快。

世界富豪巴菲特一向以简朴的个人风格著称，他住的房子也不例外，是 1958 年在内布拉斯加州奥马哈市以 3.15 万美元买下的。他的一位朋友说，巴菲特太太苏茜最近花了 1.5 万美元装修这幢房子，巴菲特埋怨说："这笔钱拿来复利生息，你知道 20 年会有多少钱吗？"巴菲特的财富当然不仅仅是靠节省度日得来的，关键是他玩储蓄游戏的高超技巧，使他抓住每一次出现的机会。

英国著名作家哥尔德斯密斯是一位有名的"烂债王"。他一生才华横溢，但却总在债务纠缠中越陷越深，无法自拔。他常常刚偿还完一笔债，又马上欠别人另一笔债。在身无分文的时候，他做家教赚了一笔钱，但很快又把这些钱花得精光。似乎在任何时候，这位"逍遥自在"的债务人都是一贫如洗，不仅让债主三番五次催讨欠款，还因缴不起房租而被捕入狱。一位才华横溢的作家，怎么会落得如此下场？原因是他不会理财，最终生活都很贫困。

"吃不穷，穿不穷，算计不到会受穷"，这句话指出了"算计"在生活中的重要性。如果我们只懂得挣钱而不会"算计"，也就是不会正确地花钱，往往最终会感到生活的窘迫。"算计"一词用当今时髦的话来说就是理财，可见理财活动对每个人来说都是必不可少的。有钱的人并非一开始就有钱，从无到有需要一个积累的过程，在这个过程中最关键的一点就是理财。要想钱生钱，必须进行正确的投资，不论投资金额多少，只要做到每月有固定投资，你的资金就会像滚雪球一样越来越多，而且通过不断的积累与投资你会获得更大的财富。

"你不理财，财不理你。"大部分人认为，投资只是有钱人的事，其实不然，每个人都应该学会理财的技巧。

想要积累财富就要学会理财，只有理财有方，财富才会源源不断地流进你的口袋。

做个理财高手，你需要有明确的计划。赚钱其实就是一种灵感和创意，只有学会理财，敢于尝试新的投资领域，才能用小钱赚到大钱，从人找钱向钱找人转变。

时代的进步促进了人们有了新思想，人们认为从牙缝里省钱不如利用智慧赚钱。善于理财的人，就是善于运用钱财的人，他们不愁没钱做事，并能以很少的钱做很多的事。从挖掘“第一桶金”到“桶桶赢金”，他们充满着果敢和自信。

“举”世“明”言

理财是一个过程，理财合理不仅省钱，同时还会带来愉悦感，有一种掌握生活的成就感。理财不只是为了生活得富裕，也是一种正确的人生观及态度，更是一种积极捕捉机遇所做的必要准备。

保险：有保障方无后顾之忧

天空不一定会下雨，但雨伞却是我们常备的物品；风险不一定会发生，但保险也不能不买。

中国人已经渐渐接受了保险，但把保险视作有钱人的行为或者认为保险不太吉利的老观点依旧存在。只要真正理解保险，并且理智地选择合适的险种，保险会帮助你规避生活中的风险，为你免除后顾之忧。

保险观念是每个现代人都应该具有的，认为它不吉利的想法早就已经过时了，而且选择了合适的保险后，保险金也不像有些人认为的那样，会成为家庭财政的负担。

俗话说："天有不测风云，人有旦夕祸福。"生活中，风险就像空气般充斥在人们的周围，天空、街道、家里、办公场所，时时刻刻隐藏着许多人无法预知的风险。由于意外的发生有着不确定性，只有爆发时才能真正感受到，所以许多人会忽视它的存在，不会为此做准备。但现实生活中，风险又确确实实存在，如果事先不做好充分的准备，只能遭受巨大的打击。而保险正是应对意外风险的有效工具，毕竟预防总比治疗好。

财务安全是进行投资规划时首先要考虑的问题，没有购买保险的家庭资产配置是不合理的。比方说家庭的风险，从财产的角度看，面临着很多风险；从人身的角度看，生老病死残都面临财务的负担。因此，家庭风险的防范是理财的一个基础，从这个意义上而言，保险无疑是家庭的必需品。保险可以将投保人的风险转给保险公司，并给其家人带来安心、快乐和慰藉，是一种能让家庭未来生活更有保障的投资工具。

许多人认为，买保险是有钱人的事，但保险专家认为，风险抵抗力越弱的家庭越应该买保险，经济状况较差的家庭其实更需要买保险。几千上万元的医药费，对一个富裕的家庭来说可以承受，但对于许多中低收入的家庭则是一笔巨大支出，往往一场疾病就能使一个家庭陷入经济困境中。

尽管大多数人能接受保险的观念，但同时又担心保费等一系列问题，因而耽误投保的时机。人生中有许许多多不可错失的机会，许多好机会就在这迟疑中蹉跎了。聪明的人懂得开源节流，为家庭经济打算，投保就是确保生计的最好方法。

总之，只要理性看待保险，为自己和家庭选择最合适的方案，保险就能成为你人生快车的安全带，让你一路畅行。为此，你可以遵循以下原则。

1. 明确自身需求

在准备投保前，投保者应当首先明确自己的投保目的，只有拥有明确的目的才能选择合适的保险类型。是财产保险还是人身保险？是人寿保险还是意外伤害保险？想要自己退休后生活有保障，就应该选择个人养老保险；想要让子女在将来受到更好的教育，最好选择少儿保险等。总而言之，要尽可能地避免由于选错险种而造成买了保险却无法获得预期保障的情况出现。

2. 选择合适险种

投保最好根据自己或家人需要保障的范围来综合考虑。例如，缺乏医疗保障的人，可购买一份“重大疾病保险”，如此一来，一旦因重大疾病住院而支付的费用就可以转嫁给保险公司，适应性非常明确。同时，你还要考虑到自己的经济支付能力。买人寿保险是一项长期性的投资，每年都必须缴存一定的保费，每年的保费开支也要取决于自己的收入能力，通常来说，投保以家庭年收入的10%～20%较为合适。

人身保险的保险金额一般由投保人自己确定，有的可以投保多份，投保人必须考虑自己的支付能力，不能为追求高额保险金而不考虑自己的经济能力。否则，一旦出现不能承担保险费的情况，不但保险成了泡影，已缴的保险费也将蒙受很大损失，得不偿失。

3. 合理搭配险种

购买人身保险可以在保险项目上进行组合，例如购买一两个主险附加意外伤害和疾病医疗保险，加强保障性。在对所有需要投保的项目进行综合考虑时，还需进行全面安排，应当避免重复投保，使投保的资金可以发挥最大作用。例如因工作需要经常出差工作的人，就最好买专门的人身意外保险，而不必每次购买乘客人身意外保险，这样不仅可以节省保费，而且在其他情况下所出现的人身意外，也会获得相应的赔偿。假若你正准备购买多项保险，应当尽量以综合的方式进行投保。因为它能够避免各个单独保单之间可能出现的重复，从而节省保险费用，获得较大的费率优惠。

4. 学会签单，避免受骗

据有关业内人士称：“把握好五个关键步骤，就可以顺利地签署保险合同。”一是当业务员拜访你的时候，你有权利要求业务员出示其所在保险公司的各种有效工作证件。二是你应该要求业务员根据保险条款如实详细地讲解险种的有关内容。当你决定投保时，为保障自身权益，还需要再仔细地阅读一遍保险条款。三是在填写保单时，必须如实填写相关内容并亲笔签名，被保险人签名一栏最好由被保险人亲笔签署（少儿险除外）。四是当你付款时，业务员必须当场开具保险费暂收收据，并在此收据上签署姓名以及业务员代码，也可要求业务员带你去保险公司交付款项。五是投保一个月后，如果没有收到正式保险单，应当及时向保险公司查询。

“举”世“明”言

买保险是为了转移风险，储存财富。在买保险时要衡量自己的经济实力，购买适合自己的保险。

“李”氏讲堂

成为财富巨人的六大定律

1. 第一定律：不做羊，要做狼

市场的铁律就是：永远是20%的人赚钱，80%的人赔钱，这一铁律适用于股市、开公司与办企业。如果每个人都要赚钱，那么赔钱的人是谁呢？钱从哪里来？世界那么大，不可能都是富人，也不可能都是穷人！但富人毕竟是少数，穷人永远占据大多数！这是自然规律，谁也改变不了。但想要赚到钱却比较容易，就是你要去做20%的人，而不是要做那大多数人。赚钱第一定律就是所谓的“富人思来年，穷人思眼前”。

2. 观念定律：金钱遍地都是，赚钱很容易

你必须确立“到处都是金钱，赚钱极其容易”的观念。假如你总是感到赚钱很难，那么赚钱真的如你想象的那样难。那些大富翁从不认为赚钱很难，反倒认为花钱不容易。你要牢记这样的观念：赚钱真的很容易，随便动动脑筋就能赚到钱。这可不是教你吹嘘，而是赚大钱，当富翁的思想基础，你必须相信。

正确认识钱，树立正确的金钱观念，这是赚钱的第二定律。

3. 思考定律：最简单的方法是用脑

如今，确实有的人靠嘴巴赚钱，但他说话之前首先需要想清楚说什么更合适。也有些人企图靠耳朵赚钱，自己不动脑筋，四处打探消息，尤其是在股市，今天听个所谓的内幕消息就买，明天听个小道消息也去购买，跟风头，随大溜，最终被套赔钱，如今大多数股民都这样，从未想过动用自己的脑筋。

在这个世界上，几乎所有富翁都是最会用脑子赚钱的一类人，你哪怕立刻把他变成穷光蛋，他很快又会成为富翁，因为他会动用脑筋。洛克菲勒曾经放言：“假如有人把我所有财产都抢走，并将我扔进沙漠上，可是，只要有一支驼队途经我身边，我很快便会富起来。”莎士比亚在《哈姆雷特》中讲过：“你就是把我关在胡桃盒子里，我也是无限想象空间的君主。”放开你想象的翅膀吧，你一定要用脑子赚钱是赚钱的第三定律。

4. 行动定律：要赚大钱一定要敢于行动

俗话说：“天下财富遍地流，看你敢求不敢求。”不行动或不敢行动却想要赚钱那是痴人说梦。敢想还要敢干，不敢冒险只是小打小闹，也赚不到大钱。

你敢富有吗？绝大多数人没有敢富的胆量。其实大多数人都没有想过富有，更别说敢富。

如今人们谈论起财富来头头是道，但许多人只会说却不会做。

要知道：“说是做的仆人，做是说的主人。”中国许多经济学家谈起财富来头头是道，但他们谁富了？中国的股评家评起股来夸夸其谈，但他们又有哪个炒股赚大钱了？假如他们能赚大钱，也许就不会甘愿做个股评家了。所以你想要炒股，千万不可盲目相信股评家。

德国行动主义哲学家费希特说过：“行动，行动，这是我们的最终目的。”想要富，先行动，不要害怕，首先迈出一小步，之后再迈出一大步。记住：“利润和风险是成正比的”。

5. 学习定律：想赚大钱一定要学习赚钱

你知道怎么赚钱吗？绝大多数人都没有学过，因此绝大多数人都不会赚钱。我们从小学到大学都没学过赚钱，就连金融、财经类的大学同样也学不到真正赚钱的知识。

巴菲特、李嘉诚等大富翁，都不是天生就会赚钱，但他们具备两个共同特点：一是有非常强烈的赚钱企图心，二是有十分强烈的学习力。正是因为他们善于学习赚钱，因而他们才能超越常人，登上财富的顶峰。

你渴望当富翁吗？你渴望跨入财富英雄行列吗？那你就快些学习赚钱：阅读赚钱书报、听赚钱讲座、向财富精英学习以及向身边高人请教等。

在财智时代，要赚大钱一定要学习赚钱。

6. 选择定律：赚大钱一定要选择

如今金钱遍地都是，赚钱方法多如牛毛，但要赚大钱一定要选择。选择就是命运，选择就是财富。不选择你就会迷失，财富就会与你擦肩而过。

选择的目的就是专一和专注。选择要投资的产品，选择要经营的业务。

第九章

经营婚姻——“灵魂伴侣”就在身边

现在很多婚姻都以离婚告终，最重要的原因就是，人们不知道怎样去经营自己的婚姻。即便是一个非常聪明的人，在职场上叱咤风云，他都不敢保证自己能经营好自己的婚姻，好像聪明的人对于婚姻更是无知和无能的。所以，要想家庭幸福长久，经营婚姻是关键。

幸福靠自己，婚姻靠经营

嫁给一个人，只需一时勇气；守护一场婚姻，需要一辈子努力。

幸福的婚姻需要浪漫的呵护，许多在经历了浪漫的恋爱走进婚姻的恋人，似乎都认为浪漫已不再重要，甚至可有可无，生活也因此而变得枯燥、单调和乏味。如果婚姻中的双方能继续维持自己恋爱时浪漫的爱情，那么婚姻便会幸福长久。在生活中精心打造浪漫，有意无意向对方表现真情，会使你的婚姻更加绵长而温馨。

事业是爱情的基础，事业心也是彼此相互吸引的一个重要因素，几乎没有人会喜欢一个没有一点事业心、终日无所事事的人。有事业心固然重要，但也不能把自己所有的精力都用在事业上，而忘记了作为一个丈夫或妻子所应尽的义务和职责。如果你因为事业而疏忽了对方，对方就会认为你不再重视他（她)，或已经忘记了他（她）的存在，甚至会想着去寻找重视他(她）存在的人。因为没有人愿意被别人疏忽冷落，因此，你必须很好地平衡自己的事业和爱情，和对方一起解决事业上的烦恼与生活中的问题。

如果你想拥有幸福的家庭、美满的婚姻，告诉你一个秘诀，那就是生活中多向自己的爱人说些赞美的话。

许多人认为恋爱阶段既充满激情，又热情似火，只有那时才需要精心去呵护爱情，只有那时的爱人才需要鲜花和赞美的呵护；老夫老妻不再需要讲究那些形式上的东西，更应该注重踏踏实实地过日子。其实不然，人人都希望得到赞美和认可，尤其是面对自己的爱人。不要认为爱人为你做的一切都是理所当然的，忽略了说些感激和体贴的话语。即使她的美貌和贤惠或他的才能和谋略都是有目共睹的，你也不妨说几句赞美的话，让对方知道，你打心眼儿里欣赏他（她），从而增加他（她）的自信，促进夫妻间的感情。

因此，不要疏忽了生活中的细节，不要吝啬你的赞美。在家庭中有必要对爱人说一些赞美的话语，它足够改变你的生活，让你爱的人更爱你，让爱你的人更懂你。

适当地改变自己的婚姻价值观，把握现实，不要过多地苛求对方，你就能够获得家庭的幸福。

无论在什么时候都不要让自己的爱人感到寂寞和孤独，无论工作多么繁忙都要抽一点时间给家人打个电话，简单地问候爱人几句，让爱人感觉到你的惦记。

在特殊的日子里，给爱人一个意外的惊喜，共同去一家温馨的小店就餐，增进你们的感情，这些并不会浪费许多时间。然而，许多人却总是以自己工作忙碌为借口，几乎从不这样做。其实，不是自己没有时间，而是从没有想过要这样做。

总之，婚姻的幸福掌握在自己的手中，需要彼此双方的共同维护。

“举”世“明”言

婚姻的幸福在于时时把握和用心感受。幸福的婚姻就是脚踏实地地把握现在，而不是对未来的奢求。

婚姻是爱情的天堂，而绝非坟墓

心中有爱，柴米油盐也是诗。

有这样一句话，“婚姻是爱情的坟墓”，常常被人们用来形容婚姻生活的无趣，以及对甜蜜爱情的消极影响。这句话虽然说得夸张，但却道出了一个事实：在柴米油盐无限重复的生活中，爱情的确会更容易变弱，甚至消散。

据婚恋方面的学者研究表明：在初恋情侣之间，往往存在着很高的热烈之爱和较高的慈悲之爱；在新婚夫妇之间，两种类型的爱情水平都很高；然而在结婚一年之后，两种类型的爱情都会下降；结婚30年后，热烈之爱的水平会下降更快，趋近于无。也就是说，从结婚一年后开始，夫妻之间剩下的虽有慈悲之爱，但由于热烈之爱过少，因此彼此之间相互吸引的正能量则变得很弱。具体表现就是，夫妻之间没有激情，几乎不再相互吸引，爱情似有若无。

看到这个结论，很多人可能会感到非常沮丧，甚至会对婚姻失望。但无论怎样残酷，这确是对现实婚恋现象的真实总结。然而，从另一个角度来说，婚姻中的爱情也并非没有出路，而注定要以消亡为终点。对于善于经营婚姻的人来说，爱情不但不会在婚姻中“灭亡”，还能随着岁月的流逝“历久弥香”。那么，什么才是比较有效的保鲜爱情的方法呢？

1. 婚姻之中的两人一定要保持一份“神秘感”

很多人在初恋、热恋的时候，为了给对方留下好印象，总是将自己最好的一面表现出来，而将不好的一面掩藏起来。再加上谈恋爱时对彼此的了解不算太深，所以恋爱双方常常能保持一种“神秘感”。这种神秘感会在爱情中释放神奇的能量，让神秘的一方对另一方产生巨大的吸引力。从心理学上说，是因为神秘的事物总能使人产生一种莫名的感情，让人愿意去了解、去探索。

费勒在交友网站认识了一个女孩，并很快和她打得火热，除了每天要定时聊天之外，还会经常打电话，交流彼此的经历和心情。两人的关系逐渐从朋友向恋人过渡，走入了一个暧昧的阶段。但即使这样，费勒也没有提出和女孩见面，仍旧每天通过 MSN（一种即时通信软件）、电话来和其沟通。在这种不见面的交往之中，费勒有着很大的想象空间，可以随意勾勒女孩美丽的样子、优雅的情致。

然而，几个月后，女孩终于按捺不住，主动提出和费勒见面。当两人在约定的咖啡厅见面时，却没有了在网上、电话中聊天的激情，面对彼此赤裸裸的眼神，反而觉得无话可说。尴尬地喝完一杯咖啡后，两人就互道再见回家了。接下来的几周中，谁都没有再和对方联系。两人一下子从无话不谈的知己变回了陌路人。

费勒反思了许久：是女孩不够漂亮吗？是两人不般配吗？都不是。是那种神秘感消失了，原本可以随意驰骋的想象都被打破了。两人对彼此的那点爱慕、对对方神秘生活的无限好奇也全部消失了。

生活中也不乏这种“见光死”的恋情。这些都能很好地说明了爱情中的确需要一点神秘来保持对对方的吸引力。但现实生活中，却有太多的人有这样的认知：结了婚就是将这一生定了下来，就是和一个人完全“坦诚相见”的日子，所以不需要再“装神秘”，甚至不需要保留个人的一点隐私。这就导致生活中常常出现因为过分亲密，或者太了解对方而产生的厌烦感。

这一切告诉我们，即使你已经步入婚姻殿堂，也不能在对方面前太过随意，或者无所顾忌地将自己在婚姻生活中“展露无遗”。婚姻中的人要想仍然对对方保持吸引力，那么就一定要有属于自己的思想、属于自己的隐私。当你能够保留自己的一部分个人空间，又能尊重对方的个人空间时，就是给彼此都保留了一份神秘感。这样的婚姻生活对彼此是会有长久的吸引力的。

2. 婚姻生活中需要不断的刺激来维持爱情的鲜度

心理学研究表明：刺激是维持情侣之间热烈之恋的重要因素，而热烈之恋又是爱情最明显的特征。也就是说，只有不断地接受刺激，情侣之间的爱情才能长久保鲜。而所谓的刺激正是我们平时说的“浪漫”，或者说是不同于平时的枯燥生活的新鲜事物。这些就像是我们婚姻生活中的保鲜剂，只要隔一段时间添加一些，就能保证爱情的鲜度。

为了证实这个结论的正确性，心理学家亚瑟·阿兰做了一个实验。

阿兰招募了50对平均婚龄14年的已婚夫妇，请他们加入一个为期十周的活动。他给了每个人一张活动列表，让他们标出自己对每一个活动项目的感觉——这些活动仅仅是有趣还是很刺激。然后，他将这50对夫妻分为两组，让其中一组每周抽出半个小时的时间，进行一项他们认为有趣的活动，另一组则用同样的时间做一项他们认为刺激的活动。实验结束后，阿兰让每个人给自己的婚姻幸福指数打分。结果显示，比起那些一起做有趣活动（如看电影、出去吃饭、看望朋友等）的夫妇，那些一起做刺激的活动（如滑雪、徒步旅行、跳舞、听演唱会等）的夫妇在婚姻中感到更加幸福。

无数研究和生活事实都证明，如果生活一成不变，那么最初的爱情无论多么坚定，也会在这样行云流水的枯燥生活中被掩盖光芒。而当两个人都能不断地去创造精彩、打造惊喜，在合理的范围内添加点刺激，那么爱情生活就像不断地被注入新鲜血液，两个人的感情不仅不会变淡，还能不断生出新的火花。

给平淡生活来点“刺激”其实也很简单。比如，如果厌烦一日三餐在家中重复，那么与伴侣到一个格调别致的餐厅吃一顿饭，就是平淡生活中的一点小“刺激”；如果觉得每天两点一线的生活无甚趣味，那么不妨在下班之后携手去看一场或浪漫或恢宏的电影，调剂一下生活味道。再者，去旅游、去尝试刺激的运动、去做一项公益活动，都是改变常态的好方法，都能给婚姻生活增加莫大的乐趣。

平淡的生活是爱情的杀手，会逐渐熄灭爱情的火苗，而适当的刺激才是爱情存活的保鲜剂。所以，别吝啬你的创意，也别在意金钱上的偶尔奢侈。调动一切有利因素，持续给爱情增温，你们的婚姻就会是爱情的天堂，而绝非坟墓。

“举”世“明”言

在茫茫人海中遇到对的人不容易，千万不要以为结婚了就有了保证，只有用心经营婚姻，才是让婚姻变得美好、让家庭幸福的保证。

苦苦追寻“完美”，不如好好珍惜身边人

太完美的男人给不了女人安全感，太完美的女人给不了男人一生。

儿时的我们经常听到父母说这样一句话：“别人家的饭比自己家的香。”多半是父母来打趣嘴馋的我们的。但除了小孩子有“盯着别人家的东西”的毛病之外，很多大人也有同样的问题。

比如，在婚姻生活中，很多男人都曾有过或者经常有这样的感受：别人家的老婆总是光鲜亮丽，温柔动人，每次见到她都像见到一只可爱的小鸟，让人忍不住想拥有；而自己的老婆则整天泡在厨房和洗手间，做饭、做家务，不修边幅，没有情调，唠叨起来更是谈不上半分温柔与可爱，很容易让人有离开她的想法。

当然，很多女人也有类似的看法：别人家的老公多么体贴，每次出门吃饭，都细心地牵着妻子的手，怕她摔倒；吃饭的时候把好吃的菜先夹给她吃；想必在家中也是经常帮妻子干活，关心妻子心中所想。而我的老公呢？没有一点情调，结了婚就再也没有说过甜言蜜语，没送过花；出门的时候只顾自己走，吃饭的时候只顾自己吃；每天回来就是玩游戏、看电视，从来不帮我做家务。有时真想离开现在的老公，重新换一个“好男人”……

每个人都希望找到更好的伴侣与自己共度一生，这是无可厚非的。但是，我们不明智的地方在于，往往只看到别的异性一面的好，就断定是一个全方位的“好伴侣”，是赛过自己家中这位千百倍的伴侣。总看着别人家的老公或老婆更好，自己家的却是一个“次品”。但事实真的如此吗？下面这个真实的事例或许能向我们说明。

有个30岁的男人，结婚已经三年。但是，他已经对自己的妻子有了很大的“意见”。他每次和同学出去聚会的时候，都看到别人带着一个小鸟依人、美丽动人的妻子。他们的妻子那么“不食人间烟火”，每一个都像天上飘飘的仙女。但一回到家，看到自己因为家务而劳累过度的妻子，不修边幅、没有半点精致的打扮，活像一个旧社会的家庭妇女，他的心就觉得很凉。他越来越讨厌妻子，越来越想找个借口与她离婚。

有一天，他在下班回家的路上，看到一个妙龄女郎从自己身边一闪而过。他立刻被那位女郎的背影吸引了，不自觉地跟了上去。他看着她：玲珑的肩背、飘逸的长发、美丽的衣服、精致的鞋子，甚至连走路的姿势都让他无法自拔……他一路跟着，心里想着：“如果能娶这个女人做我的妻子，那是死而无憾哪！”谁知走着走着，他发现这个女人竟然走到了自家的门口，掏出钥匙打开了自家的门——原来那竟然是自己外出刚回来的妻子。男人惊喜万分，也羞愧万分，立刻走上去紧紧抱住了妻子。

当你觉得别人家的伴侣好的时候，也许是你只看到了他（她）表现出的好的一面。要知道，回归家庭生活时，或许他（她）还不如自己的伴侣。所以，不要随便抬高别人的伴侣，更不要随便贬低自己的伴侣。也许你心中“不怎么样”的伴侣，正是婚姻生活中最可靠、最顾家的那一个。

这就告诉我们，在婚姻生活中，并不存在所谓的“完美”，我们应该珍惜当下，看到自己爱人身上的优点，而不要一心对“完美”的伴侣念念不忘。

据说，很久以前，有一个小伙子一心要找到自己理想的那位公主。他宁缺毋滥，不肯放弃，找了整整50年也没有找到。那时他已经变成了一个老头，还在不停地寻找“理想”的伴侣。有人问他：“这么多年了，你还没有找到那个完美的人吗?”

“我曾经找到过一个。”他无限感慨。

“那你为什么不娶她呢?”

“她也在找一个完美的男人。我不是她中意的人选。”老头痛心地说道。

是啊，就算“梦中情人”真的存在，他（她）也未必会选择你。这就是世事的无奈所在。所以，与其苦苦追寻那个“完美”的，不如守好身边那个“合适”的。

有些人在婚姻的道路上追求美好，追求到最后往往不得。这是因为，美好并不是追求来的，不是能够通过更换伴侣而实现的。当你想要自己的爱人更好一些时，不妨先让自己更好一些，对待爱人的态度也更好一些。如果你觉得自己的爱人是最好的，那么爱人也许真的会随着你的意识而变得更好。

英国有位大政治家名叫狄斯瑞利，他的婚姻被誉为“有史以来最美满的婚姻之一”。他的妻子并非闭月羞花、沉鱼落雁，相反，她既不年轻，也不漂亮，并无特殊之处。她的衣饰装扮更是离奇古怪，完全没有美感。在上流社会中，她的言谈也算不上高明，甚至会犯一些常识性的错误，她的丈夫打趣她“永远弄不清楚，是先有希腊，还是先有罗马”。

然而，这位其貌不扬的妻子十分懂得夫妻相处之道，她有办法赢得丈夫的心。如果她的想法跟丈夫的有出入，她不会直接说出来跟他对峙，而是暂时藏起来，在他心情好的时候委婉地提出来。有时狄斯瑞利面露疲惫之色渴望安静地休息，她就大方地给他留足个人空间，让他安然自在地享受孤独。反过来，狄斯瑞利也懂得为妻子“下台阶”。无论她在众人面前表现如何“无知”，他都不会当众否定她、批评她，从不说一句责备的话。如果有人嘲笑她，他立即为她辩护。

对于这份爱情，很多人在背后议论纷纷，有些人称狄斯瑞利的妻子配不上他。他本人却公开说，她是他一生中最重要的伴侣。他毫不隐讳地表示，自己很荣幸娶到了这样的妻子。而他妻子跟朋友们说：“感谢上帝的慈爱，我的一生，是一连串长久的快乐。”

在他眼中，她是最体贴、最善解人意的人。凡是他想要去做的，他所坚持的，她都会鼓励他，信任他。在她眼中，他是无所不能的丈夫，是强大的靠山，是值得信赖的伴侣。他们相敬如宾，一同分享快乐和苦恼，过着别人虽不懂，但自己非常快乐的生活。

狄斯瑞利和他的妻子其实都是婚姻生活中的赢家。两个人其实都希望对方能变得更好，妻子希望狄斯瑞利更爱自己，而狄斯瑞利则希望妻子能够体贴自己。但是，他们都很聪明，没有直接指出，而是用加倍对对方好的方式，来督促对方也在婚姻生活中进步。所以，他们彼此的关系才能越来越好，也越来越能让对方满意。

可见，婚姻生活中并不存在完美。当你一再挑剔对方时，只能说明你对婚姻的贪婪。另外，即使你希望对方按照自己的预期变得更好一些，首先应该从自己做起。如果你采取了正确的方式，你的婚姻当然会越来越美好。

“举”世“明”言

爱情的悲剧源于挑剔，婚姻的完美源于宽容。学会宽容才是幸福长久的秘密。

制造浪漫，提升婚姻幸福

不是你不懂浪漫，而是你从没有想过要这样做。

所谓浪漫，不仅仅是在生日的时候收到一大捧美丽的花束，也不是在特别的纪念日里享受短暂的快乐。新兴的浪漫主义，要求你用心分享每一个可以相聚的小片刻，感性地享受，性感地相处。事实上，亲密关系的营造并不一定要大费周章才能成功；也不是兴师动众地邀请一整个乐队来伴奏的烛光晚餐才作数。不妨尝试着就只是一双紧握的手，一本两人喜欢的漫画书，一段有轻音乐伴随的减压按摩，你会明白，原本贴近一个人，是如此的轻而易举。

以下几点，会给两人的夫妻生活增添一点浪漫与甜蜜。

1. 充分利用纪念日

纪念并不一定非要有个特别的理由。随时发挥想象力创造庆祝的理由，都可以是一个浪漫一下的好理由。让彼此都回想起最初心跳的感觉，就是最好的浪漫方式。当然最重要的结婚纪念日绝对不宜遗忘。

2. 轻轻的拥抱

轻轻的一个拥抱能够融化一颗层层防御的心。当你为他斟上一杯香醇的咖啡时，别忘了加上一个体贴的拥抱，这可比糖和奶精更让他甜在心头。

3. 相互尊重要满足

这是常被低估的一部分，总以为结了婚，还有什么不满足？聪明女人以拥有健康的自尊为满足。她们期望自己成为一个在感情中仍然独立的人。学着给予尊重，让彼此站在同一个高度，分享共同的人生视野。

4. 浪漫情调永相伴

浪漫情调并非热恋中的情侣专有的特权，婚姻中的你们拥有更多理直气壮的理由。用一个迂回的方式来邀请她共进午餐，牵起他的手或是紧紧地搂着他，让他有一个温暖的依靠，按摩他宽厚的肩膀，顺势用脸颊磨蹭，或是以视觉、听觉或香味抓住他的注意力，让他的双眼在你身上多停留几秒。浪漫，就从舍不得离开的眼神开始蔓延。

5. 亲密时刻共分享

亲密时刻试着没有压力地共享彼此的想法和价值观。甚至，先具体地从共享一个衣橱、浴室，逐步开启你的浪漫神经。

6. 我的心里只有你

还处在约会阶段时，你们很难松开彼此的手。那么，结了婚，这样甜蜜的镜头就不见了吗？安排一个别出心裁的约会来为你们的感情打打气吧！或者就带着心爱的他在热情的周末出走，找间悠闲的度假饭店，好好地浪漫一下。

7. 临别一吻寄深情

你绝对想不到，当他急着出门时的匆匆一吻有多么大的魔力。临别的一吻能把你们彼此的心紧紧地系住，让他一整天都沉浸在甜甜的亲密中，好像你从没离开过似的。

8. 制造惊喜多用心

偶尔意外地为他煮顿丰盛的晚餐或是偕他一同去他最喜欢的餐厅。精心地营造一室的浪漫，或者冰镇一瓶纯酿红酒，再点上带有香氲的蜡烛，随着飘来的音乐，让累了一天的他，有一个如历仙境的惊喜。

9. 把承诺进行到底

婚姻不仅仅是一纸法律上的合约，它还包含了肢体、情感上的结合。在婚姻里，双方都引颈期盼彼此感情归属的忠诚及患难与共的相互扶持。在这儿，没有中间的灰色地带，你不能粗糙地只做一半的承诺，把另一半留给可能发生的一见钟情。

10. 关上你的电视机

关掉电视吧！哪怕就那么一两个小时也行。一起看看书，聊聊一天的趣事，或者享受一下还不太习惯的沉默……多么奢侈的享受！

你看，浪漫就是这么简单！

“举”世“明”言

浪漫是一种情趣，更是婚姻的调味品，这种美好的精神感受，真的比吃饱肚子更值得珍惜，在不缺柴米油盐酱醋茶的当今社会，对于婚姻生活来说，浪漫比现实更重要。

懂得互相倾听让婚姻更长久

不懂得倾听对方，就是给你的婚姻埋下地雷。

丈夫能否满足妻子的感情需要，最首要的一条就是愿不愿意听妻子唠叨。已婚妇女大多有爱唠叨的毛病，一个善于进行情感沟通的丈夫不应该对妻子的唠叨漠然置之。因为对妻子来说，要的不是说什么，而是说不说，说话本身就能够使她们感到满足。你能耐心倾听对方的谈话，便等于告诉对方“你是一个值得我倾听你讲话的人”。这样，在无形中就能提高对方的自尊心，加深彼此的感情。

但是，每当夫妻之间发生争执的时候，他们就只剩下嘴巴而没有耳朵。夫妻在现实生活中，常常会坚持己见，要求对方改进，因意见不同而热吵冷战，这些小问题是现实婚姻乐章的伴奏曲；小两口较激烈的沟通场面，则通常称作吵架。两个性格、思想、背景、专业等都不相同的人，要一辈子在一起是件相当不容易的事，需要极多的爱心、信心与耐心。

有人说一个美满的婚姻好像一条永远在修的双行道，夫妻都不吵架并不表示他们关系好，反而有可能是他们在沟通上永远只是单行道。但是，在吵架这种“激烈的沟通”中，一定要注意三个误区：一是利用言语沟通来伤害对方；二是利用言谈来强迫对方接受自己的想法；三是总沉湎于过去或现在的错误里。了解这三项误区，避免出现“恶意沟通”。

一位丈夫在10分钟内已经第三次声称自己不舒服了，他的妻子赶紧来到他的身旁，关心地问：“宝贝儿，怎么了？”

“我感冒了。”丈夫抬起头，有气无力地说。

“那我拿些阿司匹林给你吧。”妻子说。

“你这么细心地照顾我，使我感到很欣慰。”丈夫说着，又呻吟道，“我是怎么感冒的呢？”

过了一会儿，丈夫又发布最新消息：“我的感冒正在加重。”为了证明，他又打了几个喷嚏。

妻子赶紧拿来手纸、被子、枕头，还为他端来了热茶。

“我非常感谢你，亲爱的，”丈夫说，“你知道，我感冒了。”

第二天，丈夫又报告：“我的肚子疼。”

妻子知道，丈夫经常说他有病。在前年的夏天，丈夫割完草后，紧张地对妻子说：“我的手总是不停地抖。”

妻子问他：“你割草前抖不抖？”

丈夫摇摇头。

“那你难道就不能肯定是因为割草机震动而引起的吗？”

“我想也许是的。”丈夫红着脸有些失望地说。

丈夫这样谎称自己有病，只是想引起妻子的注意，想要她听自己说话。要实现夫妻间心平气和、有效的沟通，就一定要注意倾听。倾听对方的心声，是沟通中极为重要的组成部分。没有专心倾听对方说话，是导致婚姻陷入困境的一个重要原因。夫妻间经常这样抱怨：“他从来不听我说话”或是“她不了解我心里的感受。”

问题婚姻中的一个迹象就是没有专心倾听伴侣说话，而健康婚姻的特征就是专心倾听对方说话。当别人对你说“请接着说”，而且是真的专心听我们说话时，我们会觉得自己被看重、被了解、被接纳。积极的倾听可以改善夫妻关系。

专心倾听有以下几种态度：

（1）全神贯注。伴侣跟我们说话时，我们常常不是想着下面要说些什么，就是把注意力放在别的事上，像准备晚餐或是看电视。

（2）不批评。未经对方请求所给予的建议都有可能被视为批评。

（3）勿打断。不要打断对方说话，终究会轮到你发言。嘴巴闭上时，话语听得最明白。

（4）用感情聆听，而不要论断。伴侣所说的话只不过是很单纯地说出心中的感受，这些感受对你来说都是很宝贵的信息。不要说“你不能这么想”，相反地，反问他：“这是不是你的感受，我说的对吗？”

“举”世“明”言

幸福婚姻中的夫妻双方，每个人不是完全地做自己，而是一半做自己，另一半为对方而做。也就是你中有我，我中有你，你心中有自己，同时也有对方。

赞美是幸福婚姻最好的调料

赞美对于婚姻就像是机油对于马达，能给婚姻不断注入新的活力。

在这个世界上，赞美永远都是受任何人欢迎的。不仅是自尊心强的男人需要赞美，爱慕虚荣的女人也需要赞美。在男女之间产生爱情的阶段里，相互赞美的话是对方认可的必要手段。当走入婚姻的殿堂，随着日子逐渐的平淡，相互之间的爱慕逐渐降低，尽管两个人仍然十分倾心于对方，但是已经很少再大声赞美对方了。很多家庭的婚姻都因为缺少这种相互之间的欣赏而变得索然无味。相互批评是吞噬爱情的癌细胞，时间久了我们会发现对待自己的亲人反而还赶不上对待陌生人有礼。

婚姻在人的生命里占据着十分重要的地位，跟婚姻相比，生或许只是一个插曲，死也只是一件小事，夫妻之间共度的时间则长达几十年。婚姻的质量关系到夫妻之间几十年的生活质量，人可以没有辉煌的事业，但是都渴望幸福的爱情、美满的婚姻。这种渴望或许只要你一句对对方衷心的赞美就能得到满足。特别是在公众场合，相互之间的赞赏更能体现夫妻之间的恩爱程度。

妻子如果在外面有一份自己的事业，回到家还要负责烦琐的家务。当她为全家准备了一顿丰盛的晚餐，做丈夫的只要向妻子表示一声感谢或是一句慰问，就能让妻子的劳累跑到九霄云外。当妻子在穿着入时和打扮美丽上花心思的时候，丈夫的一声喝彩能让妻子感觉到自己是天下最幸福的女人。如果丈夫对妻子衣柜里的衣服大加赞赏，由衷地称赞她的衣物漂亮而得体的时候，妻子或许会因为这句赞美打消购置新装的打算。

而丈夫们在外辛苦劳累一天，回到家如果能见到对自己彬彬有礼、照顾入微的妻子，就会感觉到无比轻松，家也就成了对他最有吸引力的地方。妻子要感谢丈夫为家所做出的贡献，表达出自己对丈夫的满意和赞赏。如果妻子很泼辣，丈夫则会因此而跑掉。

朋友的邻居是一对年近半百的夫妻，每天早上都能看到他们在公园里跑步，一起吃早餐，之后各自上班，晚上妻子先回家，做好饭菜等待丈夫的归来。他们很少争吵，两个人在家也经常听到欢声笑语，朋友觉得很是好奇。于是便找了借口去邻居家打探究竟，那天妻子一如既往地先回到家，准备晚餐，丈夫稍晚一点才回来。朋友看到妻子温柔地为丈夫接下公文包，脱掉西装，递上一杯热水。恰好那天丈夫领了薪水，妻子接过丈夫递过来的厚厚的一叠钱，感激的表情立刻显现出来，嘴里还咕哝着：老公真好，工资又涨了，其实钱已经够花了。

接着朋友在中年夫妻家蹭了一顿饭，饭桌上夫妻俩就像是刚刚恋爱的甜蜜爱人，他们边吃还边喝点饮料，妻子敬丈夫庆贺他领了工资，丈夫也回敬妻子，感谢她为自己做的可口的饭菜。

就这样一个傍晚，朋友便弄清了他们生活美满的秘诀。看着他们都年近半百，确实是老夫老妻了，但彼此之间的相互欣赏仍然没有半点减退。日复一日、年复一年的枯燥生活并没有使他们争吵不休，更不用说劳燕分飞了。从此之后，朋友便在自己的丈夫身上做起了实验：她的丈夫觉得自己穿西装很难看，但是西装是男人上班必备的服装，所以每次她看到丈夫穿上西装，她都告诉他西装最适合他，还有他的嘴唇很性感，每次这样说的时候，丈夫都受到极大的鼓舞，上班的时候都显得精神焕发。即使丈夫给她买的礼物不适合她，她也会因为丈夫有这个行为而感激丈夫，并表现出无比喜欢的样子。这种赞美让他的丈夫觉得自己没有白付出，心里也美滋滋的。从那以后，以前朋友做的饭也由不好吃变得好吃了，长相一般的她也变得漂亮了，这一切都源自于丈夫又重新开始用欣赏的眼光看她了。

“举”世“明”言

在婚姻中，当美好变成枯燥、当甜言蜜语变成唠叨抱怨时，赞美是一剂很好的调料。

忌讳控制，尊重对方原来的样子

没有人希望被控制、被改变，如果你一再要求对方改变，那么最大的可能是引起对方的反弹。

相信经历过婚姻的人都知道，婚姻与恋爱是有很大不同的。恋爱的时候，我们被对方深深吸引，他身上的每个优点、缺点我们都爱。但结婚后，当两人的生活融在一起时，我们往往会开始厌恶对方的一些缺点，甚至他原来的一些优点也偶尔会变成我们与其吵架的原因。比如，恋爱时觉得对方很随和、不挑剔，婚后可能变成了懒散、没有组织性的缺点；恋爱时觉得对方说什么自己都爱听，婚后觉得对方“只会说，不会做”；等等。于是，婚姻中不断的争吵便由此开始。

在婚姻之中争吵较多的伴侣，至少有一方属于“控制型”的人。他们总是喜欢事情按照自己习惯的方式进行，如果对方不服从自己，他们就会生气，甚至爆发。

不妨回想一下，在日常生活中，我们有多少次不自觉地将自己的意志强加在对方身上呢？有多少次争吵是因为两人意见不合，都希望对方按照自己的想法去做？又有多少破裂的婚姻，并不是出现了什么不可调解的矛盾，而仅仅是败在这种“谁都不服谁”的小争执上呢？然而，无论你觉得自己多么有道理，吵来吵去，你都会发现，有些事情小到不值得你去浪费力气；或者说，无论你怎样努力试图去改变，它也是改变不了的。对于这样的缺点，我们不妨坦然接受，而不要总想着去改变对方。

在某婚姻心理诊所里，咨询师每天都要面对“矛盾重重”的夫妻。夫妻俩一脸委屈地诉着苦，对方总和他（她）吵架，吵得筋疲力尽，感情也变得越来越不好。他们往往都希望征服对方，但最后却把自己弄得遍体鳞伤。

有一天，咨询室来了一位年轻的妇女，在她用一个半小时去数落丈夫生活习惯的脏乱差及他们不断的争吵后，心理咨询专家问她：丈夫在婚前也是这样的生活习惯吗？她回答：“确实是的，但当时没有结婚，我想结婚后他会改的。每个人结了婚都应该为家庭做出改变，不对吗？”专家不禁笑道：“婚姻是两个人的结合，但并不一定是变成另外一个人的临界点。事实上，因两人成长背景、家庭教育、人生经历的不同，某些行为习惯已经积累了十几年甚至更长，在原生家庭中根深蒂固地带到夫妻生活中来。如果婚前对方的生活习惯就是这样，那么结婚后能够改变的可能性太渺茫了。另外，如果你希望通过吵架让对方改变，最终你会发现这根本就无济于事，两人之间的矛盾只能越来越大。”

接着，专家又说道：“其实如果你已经在婚前认识到他的缺点，并且嫁给了他，说明你是可以接受、容忍的，那么又何必在婚后将这件事情翻出来困扰自己呢？而且你又何必一定要做那个控制对方的人呢？不妨给对方一个相对自由的空间，让彼此都能自在地做自己，这样的婚姻才能幸福。”

想必这个女人抱怨的现象在生活中我们也常常见到。女人嫌男人不讲卫生、不懂整洁，回家便把脏衣臭袜到处乱扔；殊不知，男人在外累了一天，回到家还不能放松、不能随心所欲，那么家便失去了舒适的特点，怎么还会让男人留恋呢？男人嫌女人有逛不完的超市和商场，并且一去就要拉着自己；男人又怎么没想到，女人如不事无巨细地照单完成，家里每日杂七杂八的消耗怎么供应？因此，很多事情是男女分工中的职责所在，并不存在绝对的对与错。如果一个家庭中只能有一个标准的话，那么至少对于一方来说会是一个莫大的折磨。婚姻并不是军营，我们没必要让标准绝对统一，让每个成员都非常严格地要求自己。我们应当尊重对方的习惯，允许“异”的存在。

当然，如果两个人的生活目标、生活习惯完全不相同的话，对于两个人的婚姻的确是存在一定危害的。夫妻两人如果不能在一定程度上做到“求同”，那么迥异的生活方式会让两个人朝着不同的方向越走越远。因此，在婚姻中既要“存异”，也要在一定程度上“求同”。

有心理学研究人员在美国华盛顿大学创立了“爱情实验室”，从30多年的婚姻关系研究发现，快乐的夫妻大约拥有5∶1的正面交流与负面交流的互动。如果正面与负面的互动比例低于3∶1，婚姻关系大多会出问题。但是并非正面与负面的比例越悬殊，婚姻越美满，就如正负比例是10∶1时，他们的快乐指数就不如5∶1的夫妻。

想必每个人都明白这样一个道理：世界上没有完全相同的两个人，人们走遍世界大概也找不到一个做任何事都让自己满意的伴侣。不仅如此，当两个人越是亲密，越是能发现对方身上与自己的不同点。因此亲密关系的矛盾争执是常见的。那些从来不吵架的夫妻往往为了保持家庭的和谐和平静而习惯把不满和不快压抑在心中，时间长了，反而婚姻的满意度会降低。

但是，我们需要明白的是，幸福的婚姻并不是发现不了对方的缺点或者与自己的不同点，而是尽量让自己“睁一只眼闭一只眼”，少将那些不同点放在眼里，减少以此为火药的可能。但这并不代表不与对方沟通，否则问题也会渐渐积压，直至矛盾爆发。

总之，要想维持一段婚姻的幸福，我们必须要首先有“存异”的心理准备。只有先摆出包容的心态，婚姻生活才有可能保持长久的生命力。

“举”世“明”言

没有人希望被控制、被改变，如果你一再要求对方改变，那么最大的可能是引起对方的反弹。而即使你真的成功改变了一个人，让他事事听从自己的，这样的婚姻还有什么趣味呢？所以，在进入婚姻之前，或者已经身处婚姻之中的你，一定要说服自己，放下那颗企图改变和控制对方的心。

“李”氏讲堂

幸福婚姻定律

人人都希望拥有一个幸福美满的婚姻，可以与对方白头到老。然而在当今社会，离婚率是逐年攀升。让人不禁对爱情产生怀疑：难道爱情在现代社会已经不起考验？为何你的婚姻会亮红灯？婚姻幸福该如何把握？

不要害怕，再坚贞的爱情也是需要用心呵护的，以下11条定律助你走向幸福婚姻。

1. 糊涂定律

结婚以后，只有睁只眼闭只眼，才能长长久久；而挑剔是结婚以前做的工作，婚前一定要睁大眼睛看清楚对方是不是自己想要携手一生的人。婚后，聪明地“装傻”是很有必要的。只要没有涉及诸如品德和价值观这样的原则性问题，小毛病不妨听之任之。要懂得尊重对方，不要将自己的想法强加到对方身上，妄想去改造一个人是最愚蠢的想法，这会引起对方越来越多的反感，可谓得不偿失。

2. 多少定律

多沟通，少争吵；多商量，少擅自做主；多动手，少吩咐；多鼓励，少批评。

3. 左右手定律

健康美满的婚姻应该是风花雪月和油盐酱醋兼备。风花雪月或万种风情，自然迷人；可油盐酱醋也不能缺少一天，它们才是婚姻的根基。唯有

“左手风花雪月，右手油盐酱醋”，才能让爱情和婚姻的大厦变得更加坚固、更加坚不可摧。

4. 倾诉定律

倾诉有倾诉的学问，说什么？怎么说？何时说？这都是与生活幸福息息相关的学问。首先，必须要学会过滤说话内容，伤感情的和对方的禁忌或痛处，就一定不要提及；其次，沟通要选择双方都心平气和之时，坏心情的情况下，最好不要沟通。

5. 倾听定律

倾听相比诉说而言更重要。总是倾诉的结果很有可能就是自说自话，完全忽略对方的感受，让对方感到不爽。而倾听指的是站在对方的立场，用心去了解对方的思想感情。然后，对所听到、观察到的结果给出恰当的反应，让对方知道，你关心他（她），在意他（她）。

6. 谈判定律

夫妻之间的吵架，的确是非常荒诞的事情，但是又不可逃避。人与人之间的相处原本就毫无道理可讲。妄想六根清净的人，不喜欢谈判的人上山出家才是最好的选择，想要成家立业，就必须学会谈判之道。而聪明的女性，总是刚柔相济。因为她们懂得，有时撒娇比强势更有作用。刚毅和温情的完美结合，可以创造奇迹。

7. 劝说定律

夫妻吵架，劝架的人越多，越不容易解决。有时候人哪怕是为了面子也会继续吵下去。

8. 遗忘定律

夫妻之间没有隔夜仇——床头吵架床尾和。

9. 保密定律

所谓“家丑不可外扬”，最好不要与邻居或亲友过多地探讨你婚姻中的问题，正如木匠无法帮你拔掉坏牙。就算别人知道你委屈，也只有两种情况：好的，洒一把同情的眼泪，再想出些于事无补且带有偏见的主意；

不好的，在内心深处幸灾乐祸。可见向别人诉说你的委屈，并不会起到任何作用，反而有可能伤了爱人的心。

10. 保险定律

旧情人的存在确实是婚姻中一个让人寝食难安的潜伏危机。如何才能为这项风险买个万无一失的保险呢？那就是与他（她）的旧情人成为朋友。把他们之间的联系，转化为两个家庭的联系；将所有隐秘的关系进行透明化处理，把你们之间的关系明朗化，一般这样就不会长霉了。

11. 争吵定律

夫妻之间的争吵也是一种有效的沟通方式，好结局就是达成新的谅解，彼此之间更加情深意笃。而假如在争吵的过程中算旧账、翻老底，只怕会越算越难过，最终落个两败俱伤的下场。

第十章

经营健康——别透支自己的身体

心灵和身体的健康和谐统一。身体是我们一生的载体，想想看，船漏了如何在海上快速行驶呢？一定要牢记：拥有健康不代表拥有一切，但失去健康就会失去一切，但愿我能经营和管理好自己的健康。

健康犹如财富，也需要经营

车贵，房贵，不如健康贵；钱重，业重，不如生命重。

健康是财富，需要我们用心经营。健康是人类社会永恒的话题。因为健康关系到人们的生活质量、家庭幸福、社会安平。人生有万事，身体健康是万事中的头等大事。

“身体是革命的本钱。”没有健康，那就谈不上快乐与幸福。生命不存在，谈何人生？健康不存在，谈何奋斗？健康是生命力的主要源泉，健康是成就事业的先决条件，是工作的原动力，是生活快乐的基础，于社会、家庭、个人都至关重要。因为缺乏身体的条件而不能实现梦想，是人生最痛苦的憾事。

任何成功，都是身心互相配合的结果。运动员是以开发身体潜能为主，但如果没有健康向上的积极心态，没有大脑的聪明灵敏和正确的判断力，就不可能取得成功。同样，以开发人脑潜能为主的思想家、作家、政治家、科学家、教育家、企业管理人员等，如果没有健康的身体，其作为一定有限。

健康是我们一生中最大的“本钱”，健康的重要性无可替代，也无可比拟，人生能获得的最大奖赏，莫过于健康，可以说，健康就是生命，我们要对自己负责——珍惜自己的健康。拥有健康，一切才皆有可能。

英国前首相布莱尔从中学时代就活跃在运动场上，他是一名相当出色的校橄榄球队队员，还当过校板球队队长，之后又喜欢上了篮球和网球。布莱尔现在定期游泳、打网球、上健身房。每到周末，布莱尔夫妇就会带着4个孩子到位于伦敦郊外的一座16世纪的古堡呼吸乡野的新鲜空气。有时，布莱尔一家就在这里同保镖们摆开架势，展开一场别开生面的家庭足球大赛。当他们踢得精疲力竭、满身大汗时，又一同跳进露天游泳池游个痛快。布莱尔曾经说，我现在的身体状况和大学刚毕业时一样。

首相的工作非常繁忙，但是布莱尔始终热爱运动。运动不仅让他拥有了健康的身体，也让他尽享生活的情趣。人人都懂得：身体是革命的本钱，可实际上，有多少人为了名利、为了自己的理想和追求，把身体健康抛在了脑后；又有多少人为了取得某方面的成功不惜用自己的身体作赌注；又有多少人执迷不悟，任由欲望无休止地膨胀下去，以致让生命超载。人往往都是这样，只有面临生死抉择的时候才大彻大悟，才感到生命比什么都重要。

健康，会让你精力充沛，充满活力；长寿，会让你有更多的时间可以支配。良好的身体素质使你有足够的生理基础适应繁重的工作，处理复杂的问题，而不必经常因身体不适而烦恼，进而耽误时间。

“外面的世界很精彩”，但只有身体健康的人才能欣赏、参与和享受这种精彩。健康长寿是我们走向成功和卓越的基础和保证。反复提示自己，时常引起注意。身体素质的开发培养非一日之功，它是长期重视的结果。

“举”世“明”言

健康是自然给予我们最公平、最珍贵的礼物，良好的健康状况和随之而来的愉快情绪是保证人生幸福的最好保障。失去了健康，你所拥有的一切都不过是水中月、镜中花，终会随风而逝。

智者不忘健康，愚者挥霍一切

现在过的每一天，都是你余生中最年轻的一天。

智者都会明白，没有健康，人生的追求，无论是事业、财富还是爱情，终将化为泡影。

著名的石油大王洛克菲勒曾经称霸美国的石油行业，聚敛了无尽的财富，成为当时的首富。然而由于超常的工作量以及巨大财富带来的紧张与压力，使他在五十多岁时便衰弱成一个老翁，头发脱落，免疫系统失调，骨瘦如柴，身体全面崩溃。巨大的财富于他又有何用？只有当他退出了与财富的战争，全身心地专注于自己的健康，清心养性，并投身于宗教信仰与人类的福利事业时，他才又一次赢得了生命，并活到九十多岁的高龄。石油大王的经历再一次向世人阐释了健康高于财富的真理。

大多数人在风华正茂、体态匀称的时候，对吃喝问题不大讲究，根本不管营养均衡、粗细搭配以及摄入热量多少，好像不管怎么吃，身体都可以承受；精力充沛的时候，不惜吃老本、拼体力，愿意挤掉吃饭时间、克扣睡眠，夜以继日地让健康无限透支，对健康的潜力开发几乎是掠夺性的。健康像地球上的水土一般，就这样被无声无息地流失了，最终满目疮痍。健康对他们来说，如同廉价的消费品，被恣意挥霍，直到千疮百孔。

成就一切宏图伟业的基石离不开健全的体魄、乐观积极的心态和敏锐的反应，只有不断地为健康投资，你才有可能增加财富，否则，一切将化为乌有。

早在 1953 年，具有远见卓识的世界卫生组织为了唤起人们对自身健康的关注和珍爱，就曾提出“健康就是金子”的响亮口号，意思是希望人们如同对待金子一样珍爱生命，并将其作为当年世界卫生组织的主题口号。

仔细盘算，其实健康比金子要珍贵百倍，因为健康具有不可再生性，一旦失去，再先进的高科技都没有办法使受损的机体恢复到原先的状态，只能是“无可奈何花落去”，而金子却可以“千金散尽还复来”。

但是有不少人，包括高级知识分子阶层、白领，有一种非常有害的认识误区：他们认为青壮年正是精力充沛与大展宏图的好时机，最好把宝贵光阴都投入到事业当中去，完全没有珍爱身体健康的观念。能吃能睡就不是病，即便有了不适症状，也是坚持一下就顶过去了，结果病入膏肓时才如梦初醒，然而一切都已来不及了。誉满中外的科学家、事业鼎盛的企业家英年早逝早已不是什么新闻了。国家痛失英才，家庭失去顶梁柱，不幸应了中岛宏博士的一句预警：“许多人不是死于疾病，而是死于无知。”

健康是生命的源泉，失去健康，生命就会索然无味，效率锐减。能够有健全的体魄和饱满的精神，又能在这两者之间保持完美的平衡，这是一种不可多得的福分。

健康生命会大放异彩，而疾病和死亡却会使人的一生陷入可怕的阴霾。生活中我们常见有作为、有知识以及有天赋的青年男女，因为身体健康状况有所牵绊，甚至终身无法酬其壮志，让人忍不住扼腕叹息。而人世间最大的失望也莫过于此：自已尽管有凌云壮志，却没有充分的力量去实现；自已尽管有远大抱负，却没有强健的体魄作为后盾，只能在病痛和死亡中备受煎熬。

在现实生活中，一些人之所以壮志未酬，就是因为他们不良的健康状况使生命之泉过早干枯。一个专注于工作、应酬而不去正常休息、娱乐的人通常会在耗尽精力之后，使事业过早地趋于衰落，因为他缺乏各种不同的精神刺激与生命养料。劳逸结合，不管对于劳心者还是劳力者，都是很有益的。“单调”是生命的摧残者，大凡成就大事业的人，一般不会夜以继日地埋头蛮干。

一个生活阅历丰富的人通常懂得健康之道，并把维护身体健康作为生命的崇高责任。试想，一个不珍爱自己生命的人，又怎么可能得到生命的报酬呢？只有充沛的生命力，才可以抵挡各种疾病，渡过重重难关，迎接一个又一个挑战。

生命对于每个人只有一次，人人都渴望在自己短暂的生命历程中将生命演绎得更加精彩。要知道生命质量的可行保障是健康的身心，一个有一分天赋的身强体壮者的成就，远远强于一个有十分天赋的弱者。

“举”世“明”言

人生最大的错误，是用健康换取身外之物；人生最大的悲哀，是用生命换取个人烦恼。现在过的每一天，都是你余生中最年轻的一天。所以，要重视自己的健康，不要再为追求金钱而透支生命了。

投资健康，永远不会亏损

有什么也别有病，缺什么也别缺健康，健康不是一切，但没有健康就没有了一切。

当今社会物欲横流，人们渴望得到的东西越来越多，欲望是无限的，而身体的承载力却十分有限，以有限对无限，最终的结果自然不容乐观。所以，一方面，要调整自己的欲望期望值；另一方面，增强身体的抗压能力，以期获得一个平衡点。

人的一生，最重要的是身体健康，然后才是赚取物质，物质够用就行，但如果丧失了健康，生命就会黯淡无光。

那如何积攒健康呢？它需要同时满足观念、时间、金钱这三个条件。

1. 观念

从古至今，具备正确健康观念的人很少。那究竟什么才是正确的健康观念呢？说到底，就是要把养生当作首要事情来做。

养生与传统的治病有所区别，养生注重的是日常与事前，就是在没有得病的时候就开始注重身体健康；而传统意义上的治病，注重的是事后，就是指在生病之后才开始治疗。两者最大的区别是生活质量。

注重养生的人，很难得病或者极少得病，一般具有很高的生活质量；而采用传统治病方法的人，一般生活质量很低，无论是在未发病期间，还是发病之后的治疗阶段。

绝大多数的慢性病，其实都是指生活方式病，假如你不改变错误的生活方式，只是寄希望于得病后，寻找最好的医院和医生，最终的结果，一般是非常可悲的。大多数名人，同样持有这种观念，正如已故著名播音主持人罗京曾说过："现代医学如此发达，一切尽在医生的掌控之中。"这是一句极为可悲的话。

2. 时间

学会正确的养生观念，但绝大多数人还是不愿意在养生上面花时间，认为那样太麻烦。养生是一门学问，而学问自然需要花时间来掌握。

养生的知识，不是千篇一律的知识，它是因人、因地、因时而异的知识，正如对张三有用的东西，也许对李四毫无功效；在南方施之有效的方法，在北方也许无效；在夏季有效的办法，可能在冬季无效。因而，每个人要根据自己的身体健康情况，摸索出适合自己的养生方法，而这一切，都需要花费大量时间。

3. 金钱

大多数人把钱投在了房子、车子、股票甚至债券上，唯独不愿意把钱投在自己的身体健康上。难道说这种人真的缺钱吗？也不是，只是觉得在健康上还有社会保险呢，没理由要自己花钱调理身体。

这话本没错，不过要知道一个事实：主动花钱调理健康，是你的主动行为，而一旦进到医院里，就变成了被动行为，你的身体就只能听医生的了。想必只要住过院的人都清楚这一点。医生说什么就是什么，一切都由不得你。

当你主动去做某件事时，大脑多半还是处于清醒运作的状态，而当你被动去做事时，你已经没有多少可选择的余地了。

既然花钱调理身体，就需要有人指导，就如同学习英语、音乐或数学一样，需要请家教指导你，这样一来，自然使你少走许多弯路，养生同样如此。有人指导与没人指导完全不一样。除非自已很有天赋，否则许多人都很难把握那个度。有时看起来非常简单，或许就是隔着一层窗户纸的事，然而不点破，你就很难明白。自已摸索所花费的时间和精力，仔细算起来，或许成本更高。

“举”世“明”言

世界上你做的任何一项投资都有可能亏损，而唯独在健康上的投资永远不会亏损。如果你真正把健康当作一项投资行为来做，把观念、时间和金钱投进去，你离高质量生活就不远了。

要想活得好，先要吃得对

吃错会生病，吃对不吃药。

民以食为天。人每天都需要进食，以吸收各种人体所需要的营养成分，所以合理膳食十分重要。那么什么是合理膳食呢？用两句话十个字来说：第一句话是一、二、三、四、五，第二句话就是红、黄、绿、白、黑。记住这两句话十个字就是科学的膳食规律。

1. 科学膳食之“一、二、三、四、五”

“一”就是每天一袋牛奶。应从一岁开始，终身不断“奶”。我们看到，每日喝牛奶的小孩长大了个子高、不缺钙、不缺营养、智力好；中老年人喝了牛奶，骨质疏松、骨质增生、腰痛、腿痛、腿抽筋没有了。所以日本有句话叫“一袋牛奶振兴一个民族”。

“二”就是250～350克碳水化合物。这是人类能量转换和代谢的主要方式和特性。有句话很有道理，就是“饭前喝汤，苗条健康；饭后喝汤，人会变胖”。

“三”就是三份高蛋白。饮食应该荤素搭配，不能光吃素，也不能光吃肉。蛋白不能太多也不能太少，三份就好，不多不少。比如说，一份就是50克瘦肉或100克鱼虾，或150克鸡和鸭，或一个大鸡蛋，或100克豆腐或25克黄豆。一天三份，交替搭配不重复。动物蛋白质中数鱼类蛋白好，植物蛋白质中数黄豆好。

“四”就是四句话：粗细搭配，不咸不甜，饭饱八分，走路慢跑。一个礼拜吃三四次粗粮，玉米、红薯、棒子面、大麦粉，佐料甜咸适中。吃完饭有点饿，还想吃，这就是八分饱，平常出去散散步，上下楼梯爬一爬。

“五”就是500克蔬菜和水果。常吃蔬菜和水果可以补充多种维生素和矿物质，甚至一些稀有元素，可以防癌。调查资料表明，能减少50%以上的癌症发病率。

2. 科学膳食之“红、黄、绿、白、黑”

“红”就是一天一个西红柿，能使前列腺癌减少45%；还可以吃红薯，少喝些红葡萄酒、红茶等。

“黄”就是生活中常吃的胡萝卜、老玉米、西瓜、南瓜等黄色的蔬菜，因为含维生素A较多。

“绿”就是指绿色瓜果，如黄瓜、丝瓜、绿叶蔬菜、绿茶等。绿茶具有抗氧化、抗衰老，减少肿瘤和动脉硬化的功效。

“白”就是燕麦粉、燕麦片，能通便、降脂，同时对糖尿病、减肥效果好。真是价廉物美、作用大。

“黑”就是黑木耳、黑芝麻、黑大豆和菌菇类，可以改善血黏度，防血栓、乌发质、提精神、抗衰老、防癌症。

“举”世“明”言

饮食治病亦能致病，吃错了，病从口入。吃对了，强身健体。饮食决定健康，吃对时间，吃对方法，吃对食物，吃对数量，才能吃出健康。

气大伤身，量小短寿

什么都可以不好，心情不能不好；什么都可以不要，快乐不能不要；什么都可以忘掉，气大伤身不能忘掉。

俄国作家托尔斯泰说：“愤怒使别人遭殃，但受伤最大的却是自己。”生气是人的一种情绪现象，是喜怒哀乐的一种表现。但生气不但不能解决问题，反而使本来就不如意的事情变得更加不如意。更严重的是，生气极有害于身心，甚至摧残人体的健康。

一位美国生理学家进行了一系列的实验，研究生气对人体健康的影响，研究结果表明：一个人生气10分钟，所耗费的精力，不亚于参加一次3000米的赛跑；人生气的时候，会分泌出有毒性的物质，经常生气的人会伴生一些不健康甚至致病的诱因。

周晴是一家企业的财务助理，平时性格就比较内向，不善于和人交流。她的爱人下了岗，女儿考上一所大学，8年本硕博连读。本来是挺让人高兴的事，她却觉得家里经济压力一下子变大了，爱人怎么劝都想不通，一直钻牛角尖儿地问：“女儿干吗要读8年呢?”开始只是觉得生气，后来每夜失眠，不想吃饭，老觉得不饿，这种情况一直持续了3年左右。有一天洗澡时，她忽然发现自己右侧乳腺外上方长了个黄豆大小的结节，后被医生诊断为乳腺导管内癌。

生气可使消化系统、呼吸系统、循环系统、内分泌系统和神经系统失调，并带来极大的损伤。老年人在生气时由于微血管痉挛性收缩，血液供量不足，可导致突发性耳聋。德国医学博士认为，相当一部分癌症是由病人内心巨大的冲击引起的。

有一次，50岁的汉森同家人一起开心地开车上街购物，不料在一个路口，一辆违反了交通规则的车疾驰过来，眼看就要和汉森的车来个热吻，幸好汉森反应敏捷，及时侧过车身。虽然避免了一场大的交通事故，但汉森的车还是受了损伤，车身有一块被撞坏了。

他让那位司机赔偿，那位司机不肯，于是两人法庭上见。一步步的法律程序让汉森每天都眉头紧皱。同时，在向保险公司索赔时，无休止的繁文缛节和层层设卡让汉森心力交瘁。当他把车弄到修车处维修时，那修车工也成事不足，败事有余，把车子搞得更糟。对这次事故，汉森没有一点责任，却在这些纠纷上白白花费掉800美元。回想起这些，汉森总是气愤不已。这次事故让他受够了，以后，他每坐进那辆车就心有余悸。最后，汉森痛苦地卖掉了汽车。直到一次身体检查时，他才知道自己竟然患上了心脏病。

事情不是靠生气和愤怒就能解决的，理智地分析形势十分必要。莽撞行事，有可能既惩罚不了别人，又害了自己。有时候别人的错误固然可恨，但如果我们一味沉浸在愤怒之中，而不是自我调节，只顾生气，大多数时候是无济于事的，最后还得暗自神伤。

生气是十分剧烈的生理反应，当人的心中产生了矛盾、冲突或者不愉快无法释放时，分泌物就会比其他任何情绪下都复杂，且具有毒性。生气时常伴有头晕、多梦、失眠、心情烦乱等，连带心理的影响，就会形成恶性循环。就让我们看看生气给人的身体带来的危害吧。

1. 心肌缺氧很可怕

每一次的生气都会引发心跳加快，血液变黏稠，大量的血液冲向大脑和面部，使供应心脏本身的血液减少而造成心肌缺氧。心脏为了有足够的氧气供应只好加倍工作，使心跳加快，于是心跳不规律，也就容易致命。

2. 生气给色斑以可乘之机

特别爱生气的人，脸部容易长色斑。因为生气时，血液大量涌向头部，因此血液中的氧气会减少，毒素增多。而毒素会刺激毛囊，引起毛囊周围不同程度发炎，从而出现色斑。

3. 大量脑细胞因此而加速衰老

人在生气的时候血液大量涌向大脑，使脑血管的压力增加。这时血液中含有的毒素浓度最多，氧气最少，这对脑细胞来说不亚于一剂“毒药”。

4. 你的肺可能受伤

情绪冲动时，每分钟流经心脏的血液猛增，肺的工作量会骤增。同时由于激素作用于神经系统，使得呼吸急促，甚至出现过度换气的现象，肺泡不停地扩张，就得不到应有的放松和休息，从而危害肺的健康。

5. 胃溃疡也因此出来折磨你

因为生气会引起交感神经兴奋，并直接作用于心脏和血管，使胃肠中的血流量减少，食欲变差，严重时还会引起胃溃疡。

6. 免疫系统可能下降

生气时，大脑就会促使身体生成一种由胆固醇转化而来的皮质固醇。这种物质如果在体内积累过多，就会阻碍免疫细胞的运作，破坏身体的免疫系统，让身体的抵抗力下降。

此外，生气必然引起心跳加快，心律失常，使心脏受到邪气的侵袭，诱发心慌心痛，呼吸急促，引发气逆胸闷、肺胀、咳嗽及哮喘。

所以，为了自身健康，尽量不要生气，只要有良好的心态，即便是得了疾病，也会在体内慢慢增长抗病能力。实在是生气，也要学会克制，用幽默、宽容等消气艺术来减轻或消除心理压力。

“举”世“明”言

乐观和豁达是一条向上爬的绳索，少生闲气，让自己健康、长寿。而生气就像一条向下溜的滑板，只要它支配了你，就会使你一直陷入绝望的深渊。

高薪不如高寿，高寿不如高兴

高薪不如高寿，高寿不如高兴。

挣再多的钱也不如有个好身体，活得再久也不如开开心心地过好每一天。保持乐观的心态才是健康的基石。

乐观能否使人健康？对这个有趣的问题，各国科学家曾做过多方面的观察。在2014年，美国哈佛大学和密歇根大学的研究都发现，乐观性格可降低心肌梗死的风险，减少颈动脉的狭窄，从而降低中风的危险。

所谓乐观，就是对可能产生的结果做一种最好的期望。从心理学的角度来说，乐观是一种寻找、回忆及期待快乐感受的趋向。那么快乐又意味着什么呢？快乐是来自自己一个人的“园子”，而不是把眼睛盯向别人的“园子”。换言之，一个人快乐与否取决于他如何对待周围的事物，而不是周围事物本身。也可以这样说，一个人的快乐主要取决于自己，而不是他人。

认识客观事物的能力是人有效发挥其功能的基本要素，也是保持健康的先决条件。

乐观主义者有很多特征，其中最为常见的是他们总能看到事情好的一面，并且会真诚地希望事情能以自己所期待的方式进行。首先，这一期待能让一个乐观主义者为事情的最好结果或是为改善事情进程做出自己最大的努力。其次，乐观主义者还会把发生在自己身上的事看成是可以控制的。当一些不好的事情发生在乐观主义者身上时，他们会觉得自己不应该被这些所压倒与制伏。因此，乐观主义者绝不是那种无视或者轻视事实而盲目乐观的人。有一位美国科普作家曾把乐观主义者形象化地概括为："在你的精神生活里有两位律师，一位负责收集'生活是可怕与令人恐怖'的证据；另一位则负责收集'生活是非常美好'的证据。而你就是法院中的法官，你有权提取任何一方的证据，并且你的决心起着决定性的作用。那么当你在审理案子的时候，就会意识到，取哪方证据会得到更多的快乐、平和与舒适。"

乐观主义还是一种免疫促进剂，根据心理神经免疫学的观点，乐观是正面的精神状态，有助于促进免疫细胞数目增长，激发免疫系统的活力，从而起到充分保护机体的作用。科学家还发现，悲观者对癌细胞的免疫功能明显偏低。

美国某研究小组对某学院大学生追踪十余年的研究发现：持悲观态度者在一年中，生病的天数要比持乐观态度者高出两倍多，而平均看病的次数是持乐观态度者的四倍。在患病的学生里，有95%患的是流感、感冒、肺炎、中耳炎等传染病，由此可以说明，乐观能增强人体抵抗疾病的能力。

据美国某项研究报告指出，乐观还可能会降低老年人中风的危险性。研究人员在调查了2500位年龄在65岁以上的老年人后发现：一位乐观的老人在面对问题"你是否快乐"时，回答总是"是的"，这类老人中风的危险性常常会比较低。对于男性，其中风危险性可下降41%，对于女性，则会下降18%。

乐观可以通过促进人体内部机制的变化加速，帮助病人战胜疾病，恢复健康。因此，乐观对治病的正面影响要比预防疾病更加明显。美国波士顿总医院的一个研究小组对患有顽疣症的病人进行催眠，并告诉他们，他们已处在催眠状态，身体也正在恢复之中。奇迹出现了，所有病人的顽疣消失了。

在治疗严重的疾病时，乐观同样具有意想不到的作用。在美国一项涉及649个肿瘤专家与十多万个接受治疗的癌症患者的全国性调查中，约有90%以上的肿瘤专家认为，在对治疗有效果的心理社会因素中，最明显的因素是病人对治病抱有希望，并保持乐观的态度，另外，还有几项相关研究也都证实了这种观点。

在生活中，对未来乐观的人一般比较长寿。而那些相信自己健康状况不好的人，就算他们的健康状况良好，其早死的危险性也会增加。相反，那些相信自己健康状况良好的人，就算实际检验结果显示他们的健康状况较差，其早死的危险性也会降低。

乐观是维持生命的一个强有力因素，也是决定一个人是否健康的一个主要因素。现在，越来越多的医生会向人们表达这样一种观点：对任何一种正面精神因素来说，乐观更可能创造出健康与治病的奇迹。

“举”世“明”言

当遇到不开心的事的时候，长吸一口气，慢慢呼出来，只要笑一笑，没什么大不了的，保持愉悦的心情，自己才会更加美丽健康。

锻炼身体，呵护自己的健康

养成好的习惯是储存健康，放纵不良陋习是透支生命，借口腾不出时间去健身的人，迟早会腾出时间去看病。

生活在现代社会里的人们，尤其是生活在大都市里的人，终日紧张而忙碌的工作，再加上社会的压力和家庭的操劳，一天下来已是精疲力竭。于是他们学着善待自己，去一些休闲场所消遣，比如酒吧、歌厅等。然而渐渐地，他们发现这些娱乐活动只能一时放飞心情，却无法解决根本上的问题。

俗话说："生命在于运动。"只有运动，才会显出生命的活力，才能让人拥有健康的体魄，而健康的体魄又是革命的本钱。既然有了充足的时间去做运动，就应该充分利用，可以去健身房，也可以在家中，只要自己喜欢，想怎么运动，就怎么运动。

运动的好处实在太多，一方面能够增强人体的免疫力，降低生病的概率；另一方面可以锻炼意志和耐力，增强自身体质，有效地保持脑力和体力的协调。在我们的日常生活中，做些简单的运动可以使我们从紧张的脑力劳动中解放出来，以充沛的精力去迎接每天的工作。

最简单的运动要数散步，它是没有任何压力而适合任何人群的一项运动。有关报告表明，一个人如果每天能用30分钟来散步，一个星期只需三天这样做，就可以保持足够维持健康的活动量。因为散步不仅能使人保持头脑清醒，缓解疲惫，还可以增强人体心脏和呼吸系统的功能。

骑自行车是一种既能锻炼身体又不会污染环境的运动。第一，骑自行车的运动量比较大。它可以让人保持健美的体形和良好的健康状况。第二，自行车不用耗油。这又省了一笔不小的开支，而且更重要的是不会对空气造成污染。第三，它节省了一些时间。随着生活节奏的加快和生活质量的大大提高，交通工具也在不断更新，时常出现交通拥挤堵塞的现象，而骑自行车不仅可以自行其道，而且又无须为等车而焦虑，这就为生活减少了许多紧张和焦虑。

爬楼梯可以增加人体肌肉运动和氧气消耗，同时也加速了人体血液循环和呼吸运动，从而改善人体心血管和呼吸系统的功能。当我们爬楼梯时，身体总是在上下运动，肌肉不断节奏性地收缩和放松，可以增加我们背部及腰部的力量，从而使我们的关节灵活自如。

登山对于年轻人来讲，无疑是既理想又时尚的运动，既可以让人放松压力，又可以锻炼一个人的意志和体魄。当然，现在的老年人体格越来越棒，其中不乏许多登山爱好者。登山时，不仅湖光山色令人大饱眼福，而且清新的空气还可以涤荡都市浊气，实在是妙不可言。

网球运动是深受人们喜爱而极富乐趣的一项体育活动。它既是一种消遣，一种增进健康的方式，也是一种艺术追求和享受，当然它还是一种扣人心弦的竞赛项目。打网球文明、高雅，动作优美，每打出一次好球，都会使人感觉兴奋异常，愉快无比。

打高尔夫球也逐渐受到都市人的青睐，但由于消费过于高昂，被人们称为“贵族运动”。

以上这些生活中既简单而又省钱的运动，你是否也在做呢？其实你不需要花昂贵的费用去买健身器材或投入巨额资金去俱乐部健身，生活中的有氧运动无处不在。你可以从今天开始就试着散步半小时，步行或骑自行车上班，或是爬楼梯，你会发觉健康就这么简单。

高兴的时候可以去运动，因为那是一种休闲；而心情烦闷的时候也可以去运动，因为运动可以放松心情。

运动就是运动，不要带有别的什么目的，最好就像阿甘一样，我想跑就跑，不是为了引起谁的关注，也不是为了什么奖赏。比如，没事时去打篮球，最好把它看作是一项休闲活动，不是为打球而打球，不能过于看重输赢得失，否则便会平添许多烦恼，达不到放松的目的。

“一张一弛，乃文武之道。”工作上要讲究张弛之道，累了，烦了，可以去运动一下。运动应像吃饭一样，不但“定时”，而且还应“定量”，要适可而止，只有这样，才能达到强身健体、放松身心的目的。我们可以选择一种或几种自己喜欢的运动方式，每天坚持，让它变为生活的一部分。

人生若没有追求，生活便没有了目标，只过闲逸的日子反而让人受不了，反而有害。心中追逐名利，万念难平，而又无事可做，那么这种身闲心不闲的日子也许会生出种种邪念。人生如朝露，何妨善用闲暇，使它变成我们生命中最美好的时光？最好的活法应该是将为生活而忙碌与对生命闲适的追求合而为一，似忙而闲，闲中有忙；闲散无事时，不断发愤自强；奔波忙碌中，不失闲适雅趣。

没有一个朋友比得上健康，没有一个敌人比得上病魔，与其为病痛暗自流泪，不如运动健身为生命添彩。

“李”氏讲堂

健康生活规律

一个好的生物钟是可以经过自己的细心调整而得到的，健康的身体，健康的生活都离不开健康的生活规律。

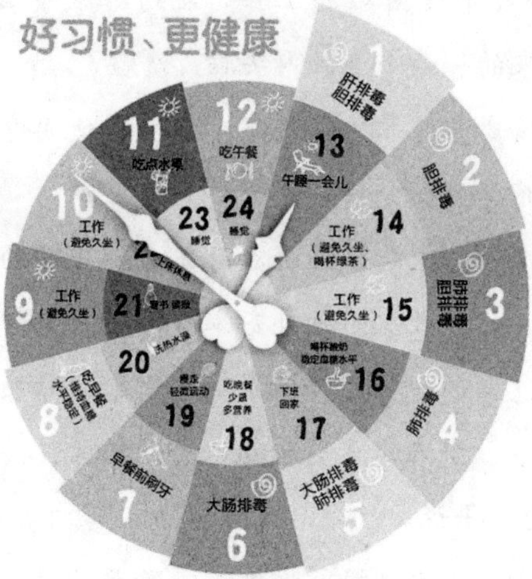

健康生活规律图

7：30：起床。英国威斯敏斯特大学的相关学者通过研究指出，人如果早上5：22—7：21起床，其血液中有一种导致心脏病的物质含量会增高，所以，在7：21之后起床会更有利于身体健康。一醒来，就将灯打开，这样将会重新调整体内的生物钟，调整睡眠和醒来模式。喝一杯水，水是身体内成千上万化学反应得以进行的必需物质。早上喝一杯清水，可以补充晚上的缺水状态。

7：30—8：00：洗漱时间。要在早饭之前完成洗漱，这样能够避免牙齿受到腐蚀，因为刷牙后，在牙齿外面会有一层含氟的保护层。如果这个不可行的话，就在早饭之后半小时刷牙。

8：00—8：30：吃早饭。“早饭必须吃，因为它可以帮助你维持血糖水平的稳定。”伦敦大学国王学院营养师凯文·威尔伦说。早饭可以吃燕麦粥等，这类食物具有较低的血糖指数。

8：30—9：00：避免运动。来自布鲁奈尔大学的研究人员发现，在早晨进行锻炼的运动员更容易感染疾病，因为免疫系统在这个时间的功能最弱。步行上班。马萨诸塞州大学医学院的研究人员发现，每天走路的人，比那些久坐不运动的人患感冒病的概率低25%。

9：30：开始一天中最困难的工作。纽约睡眠中心的研究人员发现，大部分人在每天醒来的一两个小时内头脑最清醒。

10：30：让眼睛离开屏幕休息一下。如果你使用电脑工作，那么每工作一小时，就让眼睛休息3分钟。

11：00：吃点水果。这是一种解决身体血糖下降的好方法。吃一个橙子或一些红色水果，这样做能同时补充体内的铁含量和维生素C含量。

13：00：在面包上加一些豆类蔬菜。“你需要一顿可口的午餐，并且能够缓慢地释放能量。烘烤的豆类食品富含纤维素，番茄酱可以当作是蔬菜的一部分。”维伦博士说。

14：30—15：30：午休时间。雅典的一所大学通过研究指出，每天中午午休30分钟或更长时间，每周至少午休3次的人，能够降低37%的心脏病死亡概率。

16：00：喝杯酸奶。这样做可以稳定血糖水平。在每天三餐之间喝些酸牛奶，有利于心脏健康。

17：00—19：00：锻炼身体。根据体内的生物钟，这个时间是运动的最佳时间。

19：30：晚餐要少吃。晚饭如果过量的话，血糖就会升高，给消化系统带来负担，进而影响睡眠。晚饭尽量以蔬菜为主，少吃富含卡路里和蛋白质的食物。

21：45：看会儿电视。看电视有助于放松，帮助提高睡眠质量。但要提醒大家的是，尽量避免躺在床上看电视。

23：00：洗个热水澡。“体温的适当降低有助于放松和睡眠。”拉夫堡大学睡眠研究中心吉姆·霍恩教授说。

23：30：上床睡觉。假如你是早上7：30起床的话，现在就到了睡觉时间了。